普通高等教育创新型人才培养规划教材

电工及工业电子学实验

张远岐　王相海　编

北京航空航天大学出版社

内 容 简 介

本书是独立设课的电工及工业电子学实验课程教材，已在教学实践中使用多年，本次出版进行了比较全面的修订。全书共分为8章，包括仪器仪表的使用、电路基础、电机与控制、模拟电子线路和数字电子线路等部分。第1章～第3章为实验基础知识和仪器仪表的介绍；第4章为电路基础实验，共有8个实验可供选做；第5章为电器控制实验，共有5个实验可供选做；第6章为电子技术实验，内容包含模拟电子线路和数字电子线路两部分，共有20个实验可供选做；第7章为仿真实验，共有5个实验可供选做；第8章为设计性实验示例，编写了两个设计性实验的实例，便于学生在设计性实验中参考。

本书适用于高等学校非电专业的电工及工业电子学实验、电工学实验等课程，也可供其他类型学校有关专业的学生使用和参考。

图书在版编目(CIP)数据

电工及工业电子学实验/张远岐，王相海编. --北京：北京航空航天大学出版社，2015.2
ISBN 978-7-5124-1639-0

Ⅰ. ①电… Ⅱ. ①张… ②王… Ⅲ. ①电工技术—实验—高等学校—教材②电子技术—实验—高等学校—教材 Ⅳ. ①TM-33②TN-33

中国版本图书馆CIP数据核字(2014)第265561号

版权所有，侵权必究。

电工及工业电子学实验

张远岐　王相海　编
责任编辑　王　瑛　苏永芝

*

北京航空航天大学出版社出版发行

北京市海淀区学院路37号(邮编100191)　http://www.buaapress.com.cn
发行部电话：(010)82317024　传真：(010)82328026
读者信箱：goodtextbook@126.com　邮购电话：(010)82316936
北京兴华昌盛印刷有限公司印装　各地书店经销

*

开本：787×1092　1/16　印张：11　字数：282千字
2015年2月第1版　2017年2月第2次印刷　印数：4 001～7 000册
ISBN 978-7-5124-1639-0　定价：24.00元

若本书有倒页、脱页、缺页等印装质量问题，请与本社发行部联系调换。联系电话：(010)82317024

前　言

　　本书是为本科非电类专业"电工及工业电子学"课程而编写的实验指导书（其他专业也可选用）。为了培养学生的工程实践能力，提高独立分析问题、解决问题和综合运用知识的水平，提高本课程的教学质量，适应实验教学改革的要求，满足学生在开放式实验教学中对教材的需求，编者按教学大纲基本要求并结合学院电工实验室现有的电工仪表、电子仪器及实验装置的实际情况编写了此书。书中内容包括：基础知识、测量误差与常用仪器仪表的使用，实验项目内容、电子线路CAD及附录等。

　　本书既是实验指导书，又是实验基本技能的培训教材，对培养学生理解和掌握最基本的、最关键的、最需要的基本知识、基本概念、基本操作技能和工程应用等方面给以指导，同时对实验各个环节的组织及实验方法等都进行了许多新的探索。

　　本书基本知识部分对学生在实验中可能遇到的问题，如何理解和解决，如何确切地掌握仪器、仪表的使用做了详细的说明。

　　本书实验内容部分是按照实验的顺序编写的，标明了必做项目和选做项目，并依据由浅入深的原则，形成验证性、设计性、综合和研究性及EWB仿真设计等共计三十六个实验项目，使学生在预习实验上更加方便，并在书中给出了实验的评分标准，让学生明白怎样才能做好各项实验。

　　本书是编者在原有实验指导书的基础上进行改编整理，并根据现有实验设备，对实验项目进行了调整、充实而成。此书参考了原来的《电工及工业电子学实验指导》。在编写过程中得到电工教研室和电工实验室各位老师的大力支持和帮助，在此一并表示感谢。

　　由于时间仓促，水平有限，书中不妥、漏误之处在所难免，恳请读者批评指正。

编　者

2014年5月

于沈阳

目　　录

第1章　实验基础知识 …………………… 1
　1.1　实验程序 …………………………… 1
　　1.1.1　课前预习阶段 ………………… 1
　　1.1.2　实验阶段 ……………………… 1
　　1.1.3　编写实验报告阶段 …………… 2
　1.2　实验规范的培养 …………………… 3
　1.3　元器件的识别及使用中应注意的问题 ……………………………………… 4
　　1.3.1　电阻器的标称值和允许误差的标注方法 …………………………… 4
　　1.3.2　电容器标称值的标注方法 …… 5
　　1.3.3　电感器 …………………………… 6
　　1.3.4　国产半导体集成电路型号命名方法 …………………………………… 7
　　1.3.5　使用中应注意的问题 …………… 8

第2章　测量误差与常用仪器仪表 …… 10
　2.1　电工仪表的误差及准确度 ………… 10
　　2.1.1　仪表的误差 …………………… 10
　　2.1.2　仪表准确度等级的确定 ……… 10
　　2.1.3　仪表正常工作条件 …………… 10
　2.2　测量误差与测量结果的误差分析估算 ……………………………………… 11
　　2.2.1　测量误差 ……………………… 11
　　2.2.2　测量结果的误差分析估算 …… 11
　2.3　实验测量常识 ……………………… 13
　　2.3.1　读图的基本步骤 ……………… 13
　　2.3.2　分析方法 ……………………… 14
　　2.3.3　测量方法 ……………………… 14
　　2.3.4　电路实验中的常识 …………… 15
　2.4　电路与常用仪器、仪表的正确连接 ……………………………………… 16
　　2.4.1　电路的正确连接 ……………… 17
　　2.4.2　常用仪表、仪器的正确连接 …… 18

　2.5　实验数据的处理 …………………… 21
　　2.5.1　表格法 ………………………… 21
　　2.5.2　图示法 ………………………… 21
　2.6　实验故障及一般排除方法 ………… 22
　　2.6.1　实验故障及故障产生的原因 ……………………………………… 22
　　2.6.2　实验故障的一般排除方法 …… 23
　2.7　实验安全事项 ……………………… 23
　　2.7.1　如何防止触电，确保人身安全 ……………………………………… 23
　　2.7.2　如何确保设备安全 …………… 24

第3章　常用仪器及实验装置 ………… 27
　3.1　数字示波器的使用手册 …………… 27
　3.2　数字信号发生器使用说明 ………… 34
　　3.2.1　数字信号发生器基本原理概述 ……………………………………… 34
　　3.2.2　TFG2000G系列信号发生器的前后面板 …………………………… 35
　　3.2.3　屏幕显示说明 ………………… 35
　　3.2.4　使用说明 ……………………… 38
　3.3　数字交流毫伏表的使用 …………… 46
　　3.3.1　按键和插座 …………………… 46
　　3.3.2　指示灯 ………………………… 47
　　3.3.3　液晶显示屏 …………………… 47
　　3.3.4　开　机 ………………………… 47
　3.4　电工实验装置结构简介 …………… 48
　　3.4.1　基本原理及使用 ……………… 48
　　3.4.2　实验台面板及挂箱 …………… 50

第4章　电工实验 ……………………… 58
　4.1　伏安特性的测定 …………………… 58
　　4.1.1　实验目的 ……………………… 58
　　4.1.2　实验仪器与设备 ……………… 58
　　4.1.3　实验原理与说明 ……………… 58
　　4.1.4　实验任务与步骤 ……………… 59

4.1.5 注意事项 …………………… 61	4.6.4 实验任务与步骤 …………… 77
4.1.6 思考题 …………………………… 61	4.6.5 实验注意事项 ……………… 79
4.1.7 预习要求 …………………… 61	4.6.6 思考题 ……………………… 79
4.2 电路基本定律及定理的验证 …… 61	4.6.7 预习内容 …………………… 80
4.2.1 实验目的 …………………… 61	4.7 RC电路频率特性的研究 ……… 80
4.2.2 实验仪器与设备 …………… 61	4.7.1 实验目的 …………………… 80
4.2.3 实验原理与说明 …………… 61	4.7.2 实验仪器与设备 …………… 80
4.2.4 实验任务与步骤 …………… 63	4.7.3 实验原理与说明 …………… 80
4.2.5 注意事项 …………………… 65	4.7.4 实验任务与步骤 …………… 81
4.2.6 思考题 ……………………… 65	4.7.5 注意事项 …………………… 83
4.2.7 预习要求 …………………… 65	4.7.6 思考题 ……………………… 84
4.3 单相交流电路参数的测量 ……… 65	4.7.7 预习内容 …………………… 84
4.3.1 实验目的 …………………… 65	4.8 一阶RC电路过渡过程的研究 … 84
4.3.2 实验仪器与设备 …………… 65	4.8.1 实验目的 …………………… 84
4.3.3 实验原理与说明 …………… 66	4.8.2 实验仪器与设备 …………… 84
4.3.4 实验任务与步骤 …………… 67	4.8.3 实验原理与说明 …………… 84
4.3.5 注意事项 …………………… 68	4.8.4 实验任务与步骤 …………… 86
4.3.6 思考题 ……………………… 68	4.8.5 实验注意事项 ……………… 87
4.3.7 预习要求 …………………… 68	4.8.6 思考题 ……………………… 88
4.4 单相变压器及其参数的测量 …… 69	4.8.7 预习内容 …………………… 88
4.4.1 实验目的 …………………… 69	第5章 电器控制实验 ………………… 89
4.4.2 实验仪器与设备 …………… 69	5.1 三相异步电动机的继电接触器控制
4.4.3 实验原理与说明 …………… 69	……………………………………… 89
4.4.4 实验任务与步骤 …………… 70	5.1.1 实验目的 …………………… 89
4.4.5 注意事项 …………………… 71	5.1.2 实验仪器与设备 …………… 89
4.4.6 思考题 ……………………… 71	5.1.3 实验原理与说明 …………… 89
4.4.7 预习要求 …………………… 71	5.1.4 实验任务与步骤 …………… 89
4.5 三相交流电路的研究 …………… 72	5.1.5 注意事项 …………………… 91
4.5.1 实验目的 …………………… 72	5.1.6 思考题 ……………………… 91
4.5.2 实验仪器与设备 …………… 72	5.1.7 预习内容 …………………… 91
4.5.3 实验原理与说明 …………… 72	5.2 电动机点动与长动控制电路的设计
4.5.4 实验任务与步骤 …………… 73	……………………………………… 91
4.5.5 注意事项 …………………… 75	5.2.1 实验目的 …………………… 91
4.5.6 思考题 ……………………… 75	5.2.2 实验仪器与设备 …………… 92
4.5.7 预习要求 …………………… 75	5.2.3 实验设计要求 ……………… 92
4.6 示波器和信号发生器的使用 …… 75	5.2.4 实验报告 …………………… 92
4.6.1 实验目的 …………………… 75	5.2.5 思考题 ……………………… 92
4.6.2 实验仪器与设备 …………… 76	5.3 三相电动机定时自动Y/△变换
4.6.3 实验原理与说明 …………… 76	起动电路的研究 ………………… 92

5.3.1 实验目的 …………………… 92	6.3.3 实验原理与说明…………… 105
5.3.2 实验设备 …………………… 92	6.3.4 实验任务与步骤…………… 106
5.3.3 设计要求 …………………… 92	6.3.5 实验注意事项……………… 108
5.3.4 实验报告 …………………… 93	6.3.6 思考题……………………… 108
5.3.5 思考题 ……………………… 93	6.3.7 预习要求……………………… 108
5.4 三相异步电动机的电子控制 …… 93	6.4 两级负反馈放大电路……………… 108
5.4.1 实验目的 …………………… 93	6.4.1 实验目的……………………… 108
5.4.2 实验仪器与设备 …………… 93	6.4.2 实验仪器与设备…………… 108
5.4.3 预习要求 …………………… 93	6.4.3 实验原理与说明…………… 108
5.4.4 实验原理 …………………… 93	6.4.4 实验任务与步骤…………… 109
5.4.5 实验内容 …………………… 94	6.4.5 实验注意事项……………… 111
5.4.6 注意事项 …………………… 95	6.4.6 思考题……………………… 111
5.4.7 思考题 ……………………… 95	6.4.7 预习要求……………………… 111
5.5 电子式三相异步电动机缺相保护	6.5 直流稳压电源…………………… 111
电路的设计 ……………………… 95	6.5.1 实验目的……………………… 111
5.5.1 实验目的 …………………… 95	6.5.2 实验仪器与设备…………… 111
5.5.2 实验设备 …………………… 95	6.5.3 实验原理与说明…………… 112
5.5.3 设计要求 …………………… 96	6.5.4 实验任务与步骤…………… 112
5.5.4 实验报告 …………………… 96	6.5.5 实验注意事项……………… 116

第6章 电子技术实验 …………… 97

6.5.6 思考题……………………… 116
6.1 晶体管单管放大电路 …………… 97	6.5.7 预习要求……………………… 116
6.1.1 实验目的 …………………… 97	6.6 编码器和译码器………………… 116
6.1.2 实验仪器与设备 …………… 97	6.6.1 实验目的……………………… 116
6.1.3 实验原理与说明 …………… 97	6.6.2 实验仪器与设备…………… 116
6.1.4 实验任务与步骤 …………… 99	6.6.3 实验原理与说明…………… 116
6.1.5 实验注意事项 ……………… 100	6.6.4 实验任务与步骤…………… 121
6.1.6 思考题 ……………………… 100	6.6.5 注意事项…………………… 122
6.1.7 预习要求 …………………… 101	6.6.6 思考题……………………… 122
6.2 集成运算放大器的应用………… 101	6.6.7 预习要求…………………… 122
6.2.1 实验目的 …………………… 101	6.7 触发器及其应用………………… 122
6.2.2 实验仪器与设备 …………… 101	6.7.1 实验目的……………………… 122
6.2.3 实验原理与说明 …………… 101	6.7.2 实验仪器与设备…………… 122
6.2.4 实验任务与步骤 …………… 102	6.7.3 实验原理与说明…………… 122
6.2.5 注意事项 …………………… 104	6.7.4 实验任务与步骤…………… 125
6.2.6 思考题 ……………………… 104	6.7.5 注意事项…………………… 126
6.2.7 预习要求 …………………… 104	6.7.6 思考题……………………… 127
6.3 集成门电路及其应用…………… 104	6.7.7 预习要求…………………… 127
6.3.1 实验目的 …………………… 104	6.8 声控灯电路……………………… 127
6.3.2 实验仪器与设备 …………… 105	6.8.1 实验目的……………………… 127

6.8.2 实验仪器与设备 …………… 127	6.15 智力竞赛抢答器逻辑电路的设计
6.8.3 实验原理 …………………… 127	…………………………………… 136
6.8.4 实验内容 …………………… 128	6.15.1 实验目的 ………………… 136
6.8.5 注意事项 …………………… 128	6.15.2 实验仪器与设备 ………… 136
6.8.6 思考题 ……………………… 129	6.15.3 设计要求 ………………… 136
6.8.7 预习要求 …………………… 129	6.15.4 实验报告 ………………… 136
6.9 红外发射与接收管的应用 ……… 130	6.16 数字密码锁电路的设计 ……… 136
6.9.1 实验目的 …………………… 130	6.16.1 实验目的 ………………… 136
6.9.2 实验仪器与设备 …………… 130	6.16.2 实验仪器与设备 ………… 137
6.9.3 实验原理 …………………… 130	6.16.3 设计要求 ………………… 137
6.9.4 实验内容 …………………… 131	6.16.4 实验报告 ………………… 137
6.9.5 预习要求 …………………… 132	6.17 JK 触发器的应用 ……………… 137
6.10 温度/电压转换电路的研究 …… 132	6.17.1 实验目的 ………………… 137
6.10.1 实验目的 ………………… 132	6.17.2 实验仪器与设备 ………… 137
6.10.2 实验仪器与设备 ………… 133	6.17.3 设计要求 ………………… 137
6.10.3 设计要求 ………………… 133	6.17.4 实验报告 ………………… 137
6.10.4 实验报告 ………………… 133	6.18 节日彩色流水灯控制电路 …… 138
6.11 集成运算放大器的应用电路设计	6.18.1 实验目的 ………………… 138
…………………………………… 133	6.18.2 设计要求 ………………… 138
6.11.1 实验目的 ………………… 133	6.18.3 实验仪器与设备 ………… 138
6.11.2 实验仪器与设备 ………… 133	6.18.4 实验报告 ………………… 138
6.11.3 设计要求 ………………… 133	6.19 电子秒表电路的设计 ………… 138
6.11.4 实验报告 ………………… 134	6.19.1 实验目的 ………………… 138
6.12 交流电过压/欠压保护电路 …… 134	6.19.2 设计要求 ………………… 138
6.12.1 实验目的 ………………… 134	6.19.3 实验仪器与设备 ………… 138
6.12.2 实验仪器与设备 ………… 134	6.19.4 实验报告 ………………… 139
6.12.3 设计要求 ………………… 134	6.20 宽度可调的矩形波发生电路 … 139
6.12.4 实验报告 ………………… 134	6.20.1 实验目的 ………………… 139
6.13 直流恒流源电路的实现 ……… 135	6.20.2 实验仪器与设备 ………… 139
6.13.1 实验目的 ………………… 135	6.20.3 设计要求 ………………… 139
6.13.2 实验仪器与设备 ………… 135	6.20.4 实验报告 ………………… 139
6.13.3 设计要求 ………………… 135	第 7 章 仿真实验 ……………………… 140
6.13.4 实验报告 ………………… 135	7.1 Multisim2001 的基本界面 …… 140
6.14 三相交流电源相序检测电路的	7.2 Multisim2001 的使用 ………… 141
设计 ……………………………… 135	7.2.1 搭建电路及电路的编辑 …… 141
6.14.1 实验目的 ………………… 135	7.2.2 常用虚拟仪器仪表的使用
6.14.2 实验仪器与设备 ………… 135	…………………………………… 142
6.14.3 设计要求 ………………… 135	7.3 复杂直流电路仿真实验 ………… 143
6.14.4 实验报告 ………………… 136	7.3.1 实验目的 …………………… 143

7.3.2	实验原理 ……………………	144	
7.3.3	实验步骤 ……………………	144	
7.3.4	仿真要求 ……………………	146	
7.3.5	思考题 ………………………	146	
7.3.6	预习要求 ……………………	146	

7.4 正弦交流电路的功率仿真实验
…………………………………… 146

7.4.1	实验目的 ……………………	146
7.4.2	实验原理 ……………………	146
7.4.3	实验步骤 ……………………	146

7.5 组合逻辑电路设计与分析 ……… 147

7.5.1	实验目的 ……………………	147
7.5.2	实验原理 ……………………	148
7.5.3	实验步骤 ……………………	148
7.5.4	思考题 ………………………	150

第 8 章 设计性实验示例 ……… 151

8.1 用运算放大器组成万用电表的
设计与调试 ……………………… 151

8.1.1	实验目的 ……………………	151
8.1.2	设计要求 ……………………	151
8.1.3	万用电表工作原理及参考电路 ……………………………	151
8.1.4	电路设计 ……………………	154
8.1.5	实验元器件选择 ……………	154
8.1.6	注意事项 ……………………	154
8.1.7	报告要求 ……………………	154

8.2 电子验票器电路的设计 ………… 155

8.2.1	实验目的 ……………………	155
8.2.2	实验仪器与设备 ……………	155
8.2.3	设计要求 ……………………	155
8.2.4	电路设计 ……………………	155
8.2.5	实验原理图设计 ……………	156
8.2.6	实验数据及分析 ……………	157
8.2.7	实验总结及体会 ……………	157

附录 A 集成芯片端子图 …………… 158

附录 B 新旧电子电路符号对照表 …… 161

附录 C 常用电机电器的图形符号 …… 162

参考文献 ……………………………… 163

第 1 章　实验基础知识

1.1　实验程序

实验程序一般分为课前预习、实验、编写实验报告三个阶段。

1.1.1　课前预习阶段

实验能否顺利进行和达到预期效果,取决于认真预习和充分准备,尤其是思想准备。实验是培养科技人才能力、素质的必经之路,一定要认真对待。从第一个实验开始就要严格要求自己,不仅要认真按要求去做,而且要从学会测量方法及仪器、仪表、设备的正确使用做起,能真正学会解决实验中的问题,逐渐培养自己学以致用的能力。因此课前预习一定要做到:

(1) 必须认真阅读实验指导书和复习有关理论知识,查阅有关资料,明确实验目的、任务,彻底弄清实验原理、具体内容和要解决的问题,需观察什么现象,测量哪些数据,明确采取的方法和正确的操作步骤等。

(2) 尽可能熟悉仪器、仪表、设备的工作原理和技术性能、额定指标和主要特性,以及正确的使用方法和条件,牢记使用当中应注意的问题。

(3) 准备好实验待测数据的记录表格与计算工具,并预先计算出待测量的数值范围。这些数值范围既可作为仪表量程、仪器参数选择的依据,又可作为实验中随时与测量值进行比较和分析的依据。

(4) 牢记实验中应注意和要解决的问题,以及可能出现的现象,做到心中有数,实验才可能达到事半功倍的效果。

1.1.2　实验阶段

实验是对每位同学综合能力的培养和考验。聪明人能利用每一个可能利用的机会来充实、锻炼、提高自己,而糊涂人则把来之不易的机会白白扔掉;聪明人宁可重做三遍,也不去抄取别人的数据和结论,而糊涂人以轻取别人的数据和结论为"便宜",浪费自己的时间而走过场;聪明人每次都踏踏实实地去做、去测,收获永远是自己的,而糊涂人毫不吝惜地扔掉了不该扔掉的,造成了自己的损失。

希望每位同学从第一个实验开始,就养成只要干一件事,就尽量把它彻底干好的习惯,不仅会测了、会用了、会算了,更要知道为什么要这样测、这么用、这么算。多问几个为什么(问自己、问老师、问书本),遇到问题多想一些办法,多出一些主意,处处体现出分析问题和解决问题的水平和能力,使每次实验都确有收获。

实验阶段具体步骤:

(1) 实验操作前

实验操作前要认真听老师讲的具体要求,即实验中要看的、用的、测的、算的、做的都是什么?应怎样去看、去用、去测、去算?实际操作步骤、方法、条件是什么?理论根据又是什么?

怎样解决实验中的问题？怎样能保证安全？注意事项是什么？这些都清楚了，再进行具体操作。对于没听清弄懂的事项要及时发问，千万不要不懂就操作，以避免造成不应该发生的意外和损失。

(2) 实验操作和测量过程

实验操作和测量过程中应做到以下几点：

① 做好测量前的各种准备工作。首先——核对实验台上的仪器、仪表和设备，核对实验单元设备的名称、规格、型号，检查它们的外表有否损坏。然后按正确的使用要求，合理摆放整齐，使之既便于操作又便于观察、测量和读数，而又不相互影响。各仪表选择量程，调好机械零位。各种电源保证从 0 起调。各仪器旋钮放在合适的起始位置后，再接通示波器、电子管毫伏表等有源器件的工作电源，进行预热。

② 按实验内容要求进行电路参数选择和电路的正确连接，线路连接好后要先经自查无误，再请教师复查，必须经教师同意后才可接通电源。

③ 接通电路电源的同时一定要注意观察各仪表和设备等的指示现象是否正常，有无反转、过量程，有无冒烟、发热、有焦味、异常声响等。如有异常，应立刻切断电源仔细检查，待异常排除后再重新接通电源。

④ 测量读数时要看准各仪表指针所指格数，仪表满量程时的指示值到底是多少，仪表显示值的数量和单位一定要搞清、记准，并按要求逐项进行测量和记录，尤其是关键数、特殊点、拐点的数值一定要测准记清。

(3) 实验课收尾

完成全部规定的实验项目后，首先断开各带电部分电源（各仪器、有源器件的工作电源可先不断开），再认真检查实验记录的项目、数量、单位是否正确，与预算值是否相符，有无漏测，需画曲线的点是否选择合理，关键点、拐点是否测准，是否都符合规律；经自查计算、分析认为正确无误，再请老师复查，待老师在原始记录上签字通过后，先切断各工作电源和实验台上的总电源，方可进行拆线，记录各实验仪器、仪表、设备的名称、型号、量程、编号，把桌面和座椅等整理归位，经老师验收后方可离开。对于没有客观原因的错误测量和数据记录，应该重测。

1.1.3 编写实验报告阶段

实验报告是实验工作的全面总结，是分析和提高的重要阶段。用确切简明的形式，将实验结果完整、真实地表达出来，对实验工作总结、经验交流、科研成果推广、学术评议起着至关重要的作用。科技工作者、教师、工程技术人员、大学生能否写好实验报告，也是体现其基本功和科研能力的一个重要方面，为此要注意下列要点：

(1) 实验报告的编写。要求文理通顺、简明扼要、字迹端正、图表清晰、分析合理（包括数据整理、结果分析、误差估计等）、结论正确。书写格式要规范化，电路图、测试表格要用尺画，需使用统一的实验报告用纸。编写实验报告时，对于统一要求以外的部分，应按每个实验的"实验报告要求"进行补充。

(2) 实验报告中的曲线、图要画在预定位置或坐标纸上，选取比例要适当，坐标轴要注明单位，绘图时关键点、拐点和特征点一定要绘出，还要尽量使绘出的曲线光滑均匀。

(3) 实验中的故障记录。实验中如果发生故障，应在报告中写明故障现象，分析产生故障的原因，记录排除故障采取的措施和方法等。

1.2 实验规范的培养

作风和习惯的好坏是事情成功与否的前提和关键,进行实验也是如此。所以要想真正做好实验并确有提高和收获,必须养成以下的良好作风和习惯:

(1) 接通、断开电源要与合作者打招呼。养成对个人和他人安全绝对负责的习惯。实验时要养成手不乱摸乱碰和始终只摸拿绝缘部分的习惯。

(2) 连接线路要做到心中有图。要养成背图接线的习惯,电路图记不清,背不下来,先不进行连接。根除未看懂、对不上号就盲目胡乱接线的不良作风和习惯。

(3) 接线后要及时清理现场。养成接线后随即拿开多余导线、导体,及时清理现场和认真进行自查、互查,不放过任何可疑点的作风和习惯。

(4) 做到事事心中有数。养成认真预习、计算及测量每个数据,每进行一步都做到心中有数的习惯。克服对其结果不知是否正确合理,是否符合规律,盲目操作与测量的不良习惯。

(5) 每次用表前都要仔细查看。每次使用仪器、仪表前都要仔细查看是否拿错、用错,检查仪表起始位置、量程范围是否选择正确合理,测量接线是否连接准确无误。克服不管不顾,拿起来就用就测的不良习惯。

(6) 要进行预通电。预通电是指在各项检查无误后,先试通电(如果电源电压可调,应从 0 V 或低电压开始逐渐加到测试电压)。通电瞬间,一定要聚精会神,眼观六路,耳听八方,听、看、闻全方位观察和判断各种现象正常与否,各表指示是否符合规律。养成观察全部现象正常无误后,再按要求逐项进行测试的习惯。

(7) 认真读取和记录数据。实验中数据记录很关键,要养成数量级、量纲、单位、条件一起记的习惯,边记边核算并与预算值进行比较,弄清判断所记数据是否符合规律、是否合理的根据和理由。克服总想看别人的数据,总想问老师对不对,而自己心中没数的毛病。养成宁可重做三遍,也决不抄取别人数据的好习惯。

(8) 要真正投入、善始善终。无论做什么实验,都要养成有头有尾、亲自动手做好每个实验的作风和习惯。克服自己糊弄自己,把自己当成局外人,既讲不清道理,又不上心,什么都干不好,也不想干的懒人习气。克服凑数、跟着看、抄结果的不良作风和习惯。

(9) 事故的判断处理。养成遇到事故、异常现象时头脑冷静、判断准确、处理果断的习惯。不仅能迅速断电保护现场,积极主动进行回忆、分析、查找原因,提出排除故障的方法,还能吸取教训,增强自信。

(10) 注意能力、素质的提高。整个实验过程都要有意识地注重自身科研素质和能力的提高,培养自己既思路敏捷,又动作娴熟准确;既有充实的理论基础,又有分析问题和解决实际问题的能力。养成既能讲清道理,又能出高招,想出更好、更科学方法的习惯。

(11) 做好实验后的整理工作。实验结束要养成及时清理归位,并对实验中所发生的事情详细记录的习惯。发现了什么问题,是如何解决的,或者提出合理建议、办法,尽量做到给下一组同学留下提示或宝贵意见,为他们创造更方便有利的条件。克服出了问题不说明,弄坏了东西不吭声,有意无意给下一组同学添麻烦出难题或根本不负责任的坏习惯。

1.3 元器件的识别及使用中应注意的问题

1.3.1 电阻器的标称值和允许误差的标注方法

电阻器的标称值和允许误差的表示方法有三种。

1. 直标法

直标法是将电阻的阻值直接用数字标注在电阻上。例如—$\boxed{2\Omega}$—表示该电阻为 2 Ω。

2. 文字符号法

文字符号法是将阿拉伯数字和字母符号按照一定规律组合来表示电阻值的方法。文字符号法规定:用于表示阻值时字母符号 M、K、Ω 之前的数字表示阻值的整数值,之后的数字表示阻值的小数值,字母符号表示小数点的位置和阻值单位。例如,以 1M0 表示该电阻阻值为 1.0 MΩ,4K7 表示该电阻值为 4.7 kΩ,Ω22 表示该电阻值为 0.22Ω。

3. 色环标注法

色环标注法是用不同颜色的色环在电阻器表面标称阻值和允许偏差。紧靠电阻体一端头的色环为第一环,露着电阻体本色较多的另一端头为末环。

普通电阻器用四条色环表示标称阻值和允许偏差,其中第一、二环是有效数字,第三环是 10 的倍幂,第四环是色环电阻器的误差范围,如图 1-3-1 所示。

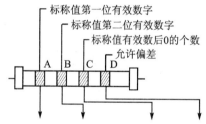

颜 色	第一有效数	第二有效数	倍 率	允许偏差/%
黑	0	0	10^0	
棕	1	1	10^1	±1
红	2	2	10^2	±2
橙	3	3	10^3	
黄	4	4	10^4	
绿	5	5	10^5	±0.5
蓝	6	6	10^6	±0.25
紫	7	7	10^7	±0.1
灰	8	8	10^8	
白	9	9	10^9	-20～+50
金			10^{-1}	±5
银			10^{-2}	±10
无色				±20

图 1-3-1 两位有效数字的阻值色环标志法

例如，某四色环电阻的颜色从左到右依次是红、黄、棕、金，则该电阻标称值为 $24\times10^1=240\ \Omega$，误差为 $\pm 5\%$。

精密电阻器用五条色环表示标称值和允许偏差，其中前三环是有效数字，第四环是 10 的倍幂，第五环是色环电阻器的误差范围，如图 1-3-2 所示。

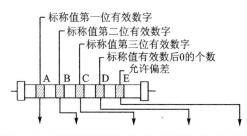

颜 色	第一有效数	第二有效数	第三有效数	倍 率	允许偏差/%
黑	0	0	0	10^0	
棕	1	1	1	10^1	±1
红	2	2	2	10^2	±2
橙	3	3	3	10^3	
黄	4	4	4	10^4	
绿	5	5	5	10^5	±0.5
蓝	6	6	6	10^6	±0.25
紫	7	7	7	10^7	±0.1
灰	8	8	8	10^8	
白	9	9	9	10^9	$-20\sim +50$
金				10^{-1}	±5
银				10^{-2}	±10

图 1-3-2　三位有效数字的阻值色环标志法

例如，某五色环电阻的颜色从左到右依次是蓝、灰、黑、橙、紫，则该电阻标称值为 $680\times 10^3=680\ k\Omega$，误差为 $\pm 0.1\%$。

1.3.2　电容器标称值的标注方法

电容器的容量单位为 pF、nF、μF（有时"F"不标出）。它们之间的具体换算为：$1\ F=10^6\ \mu F=10^9\ nF=10^{12}\ pF$。

通常当 $C<1\ 000$ pF 时以 pF 为单位标注，例 22 pF。当 $C>1\ 000$ pF 时以 μF 为单位标注，例 0.047 μF。

1. 文字符号直标法

（1）$C<1\ \mu F$ 不标单位，电容量标称值只有整数，它的单位是 pF。例如，200 就是 200 pF；1 000 就是 1 000 pF。

电容量标称值只有小数，它的单位是 μF。例如，0.01 就是 0.01 μF，0.47 就是 0.47 μF。

(2) $C>1\ \mu F$ 不标单位,它的单位是 μF。例如:$1\ \mu F$,$47\ \mu F$ 等。

2. 代码标志法

对于体积较小的电容器常用三位数字来表示其标称容量值,前两位是标称容量的有效数字,第三位是乘数,表示乘以 10 的幂次数,容量单位是 pF。例 222 为 2 200 pF;103 为 0.01 μF;104 为 0.1 μF;105 为 1 μF。

3. 极　性

电容器中有许多类型的电容器是有极性的,如电解电容、钽电容等,一般极性符号("+"或"−")都直接标注在相应端脚位置上,有时也用箭头来指明相应端脚。在使用电容器时,要注意不能将极性接反,否则电容器的各种性能都会有所降低,甚至损坏。

1.3.3　电感器

用导线在绝缘骨架、磁芯或铁芯上绕制而成的能产生电感作用的电子元器件统称电感器,它通电后具有储存磁能的作用。

电感器通常分为两类:一类是应用自感作用的电感线圈,另一类是应用互感作用的变压器。

1. 电感线圈

(1) 特性、种类及用途

电感线圈具有阻碍交流电通过的特性,其呈现的阻碍作用可用感抗来表示 $X_L=2\pi fL$,频率越高感抗越大。

电感线圈的用途极为广泛,例如,LC 滤波器、调谐放大器、去耦电路等都会用到电感线圈。

电感线圈种类很多,按结构特点可分为单层、多层、蜂房、带磁芯及可变电感线圈;按用途可分为高频天线线圈、低频阻流圈、高频阻流圈和振荡线圈等。

(2) 型号命名法

电感线圈型号由四部分组成:

第一部分:主称,用字母表示(其中 L 表示线圈,ZL 表示高频或低频阻流圈);

第二部分:特征,用字母表示(其中 G 表示高频);

第三部分:型式,用字母表示(其中 X 表示小型);

第四部分:区别代号,用字母表示。

例如,LGX 型即为小型高频电感线圈。

(3) 主要参数

① 电感量 L 和允许误差。电感量 L 是表示线圈产生自感应能力的一个物理量。电感量单位是亨利(H)。电感量和线圈的匝数、直径及有无磁芯有关。线圈串联时 $L_{总}=L_1+L_2+\cdots\cdots+L_n$,线圈并联时 $L_{总}=\dfrac{1}{1/L_1+1/L_2+\cdots+1/L_n}$

② 品质因数。是表示线圈质量的参数,用字母 Q 表示,它等于线圈的感抗和直流电阻的比值,即:

$$Q=\frac{2\pi fL}{R}=\frac{\omega L}{R}$$

Q 值越高,线圈的损耗就越小,质量越好。线圈 Q 值通常为几十至几百。

③ 额定电流。电感器长期工作允许通过的最大电流。若工作电流超过额定电流,则电感器就会因发热而使性能参数发生改变,甚至还会因过流而烧毁。

④ 分布电容。线圈匝与匝之间,线圈与磁芯、底板间,线圈与屏蔽罩之间的电容称分布电容。分布电容的存在,使线圈的 Q 值减小,稳定性变差。因此,分布电容越小越好。

2. 变压器

变压器是电磁能量转换器件,它的主要作用是变换电压、电流和阻抗,还可以使电源和负载之间进行隔离。

(1) 种　类

变压器按用途可分为调压变压器、电源变压器、低频变压器、中频变压器、高频变压器和脉冲变压器。按变压器的铁芯和线圈结构可分为芯式、壳式、环形、金属箔变压器;按电源相数可分为单相、三相、多相变压器;按防潮方式可分为开放式、灌封式、密封式变压器等。

(2) 型号命名

变压器型号由三部分组成:

第一部分:主称,用字母表示。如 DB 表示电源变压器,CB 表示音频输出变压器,RB 表示音频输入变压器,GB 表示高压变压器。

第二部分:功率,用数字表示。计量单位用 KVA 或 W 标志,但 RB 型变压器除外。

第三部分:序号,用数字表示。

例如 DB-60-2 表示功率为 60 VA 的电源变压器。

(3) 主要参数

① 额定功率和额定频率。由于变压器的负载不是纯电阻性的,一般用伏安值表示变压器的容量(额定功率)。计量单位用伏安(VA)。

② 额定电压和变压比。变压比是指初级线圈电压与次级线圈电压的比值,它等于初级和次级线圈的匝数比。

$$n = \frac{U_2}{U_1} = \frac{N_2}{N_1}$$

③ 效率。变压器的输出功率 P_2 和输入功率 P_1 的比值叫变压器的效率,即

$$\eta = \frac{P_2}{P_1} \times 100\%$$

变压器的参数都直接标在外壳上。

1.3.4　国产半导体集成电路型号命名方法

本标准适用于按半导体集成电路系列和品种的国家标准所生产的半导体集成电路(以下简称器件)。

1. 型号的组成

器件的型号由五部分组成。其五个组成部分的符号及意义如表 1-3-1 所列。

表 1-3-1　半导体集成电路型号命名方法

第〇部分		第一部分		第二部分	第三部分		第四部分	
用字母表示器件符合国家标准		用字母表示器件的类型		用阿拉伯数字表示器件的系列和品种代号	用字母表示器件的工作温度范围		用字母表示器件的封装	
符号	含义	符号	含义		符号	含义	符号	含义
C	中国制造	T	TTL		C	0～70℃	W	陶瓷扁平
		H	HTL		E	−40～85℃	B	塑料扁平
		E	ECL		R	−55～85℃	F	全密封扁平
		C	CMOS		M	−55～125℃	D	陶瓷直插
		F	线性放大器		⋮	⋮	P	塑料直插
		D	音响、电视电路				J	黑陶瓷直插
		W	稳压器				K	金属菱形
		J	接口电路				T	金属圆形
		B	非线性电路				⋮	⋮
		M	存储器					
		U	微型机电路					
		⋮						

2. 示 例

(1) 肖特基 TTL 双 4 输入与非门

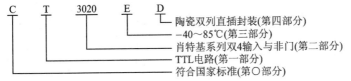

(2) CMOS 八选一数据选择器(3S)

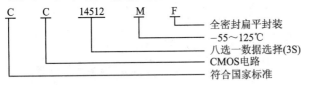

(3) 通用运算放大器

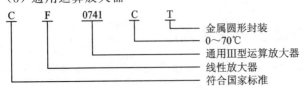

1.3.5 使用中应注意的问题

(1) 电容器在使用前应先检查电容器外引线是否开路或短路。有极性的电解电容器通常是在电容外壳上标有（＋）极性和（－）极性，加在电容器两端的电压不能反向，若反向电压作用在电容上，则原来正极金属箔上的氧化物（介质）会被电解，并在负极金属箔上形成氧化物，在这个过程中将出现很大的电流，使得电解液产生气体聚集在电容器内，轻者会导致电容器损坏,重者甚至会引起炸裂。

(2) 二极管、三极管应注意引脚的接法,如果接错,将使其不能工作或器件损坏。

(3) 集成芯片的电源均采用+5 V,因此电源电压不能高于+5 V。使用时不能将电源与地线颠倒错接,否则将会因为过大电流而造成器件损坏。芯片的各输入端不能直接与高于+5.5 V 和低于 0.5 V 的低内阻电源连接,因为低内阻电源能提供较大电流,会由于过热而烧坏器件。输出端不允许与电源或地短路,否则可能造成器件损坏,但可以通过电阻与电源相连,提高输出高电平。多余的输入端接头最好不要悬空,虽然对于 TTL 电路来说,悬空相当于高电平,并不影响"与"门的逻辑功能,但是接头悬空容易产生干扰,有时会造成电路误动作,在时序电路中表现得更为明显。因此多余输入端接头一般不采用悬空的方法,而要根据需要处理。例如:"与非"门、"与"门的多余输入端可直接接到 V_{cc} 上;或将多余的输入端接头与使用端并联。不用的"或"门和"或非"门输入端直接接地。对触发器来说,不使用的输入端接头不能悬空,应根据逻辑功能接入电平,输入端连线应尽量短,这样可以缩短时序电路中时钟信号沿传输线传输的延迟时间。

第 2 章 测量误差与常用仪器仪表

2.1 电工仪表的误差及准确度

2.1.1 仪表的误差

仪表的误差是指仪表的指示值与被测量的实际值之间的差异。根据误差的来源,仪表的误差分两种。

(1) 基本误差:仪表在规定的正常工作条件下,由于仪表本身结构和工艺上的不完善所引起的误差,如刻度不准、摩擦误差等。

(2) 附加误差:仪表偏离正常工作条件所引起的额外误差,如环境温度、放置方式、使用频率和波形等不合要求,有外磁场或外电场存在等。

2.1.2 仪表准确度等级的确定

仪表的准确度是指仪表在正常工作条件下,其指示值与被测量实际值的接近程度。仪表的准确度等级由基本误差决定,常用最大引用误差表示,即

$$\pm K(\%) = \frac{\Delta X_\mathrm{m}}{A_\mathrm{m}} \times 100\%$$

式中:K 表示仪表的准确度等级,ΔX_m 为仪表量限范围内的最大绝对误差,A_m 是仪表的量程(满偏)值。从上式可看出仪表的级别是仪表量限范围内的最大绝对误差与仪表满量程值之比,再乘以百分数。按照国家标准 GB 776—76 规定,我国电工测量指示仪表分为 7 个等级。现在又出现了 0.05 级的指示仪表。各级别仪表在正常工作条件下使用时,其基本误差不应超过表 2-1-1 中的规定。

表 2-1-1 仪表等级及其误差

准确度等级	0.1	0.2	0.5	1.0	1.5	2.5	5.0
基本误差/%	±0.1	±0.2	±0.5	±1.0	±1.5	±2.5	±5.0

仪表的基本误差越小,表示准确度等级越高。但准确度等级越高的仪表,价格也越贵,不仅使用条件苛刻,维护也困难。所以,在选用仪表时不能只盲目追求准确度高,而应根据实际需要进行选用。通常 0.1、0.2 级仪表用作标准表或精密测量,0.5~1.0 级仪表用于实验室一般测量,1.5~5 级仪表为一般工程用表。

2.1.3 仪表正常工作条件

(1) 仪表指针测量前都要调整到零点(又叫机械零位,指的是表盘的刻度 0 点),对于欧姆表还要调到欧姆零位(即平常所说的测电阻前要把表笔短接调零),而且每次换量程后还要再调零点。

(2) 仪表应按表盘符号上规定的工作位置放置（水平放置符号为▭、→，垂直放置符号为⊥、↑，倾斜一个角度放置的符号为∠60°等）。

(3) 仪表在规定的温度、湿度下工作。

(4) 除地磁场外，没有外来电磁场。

(5) 对于交流仪表，电路电流的波形是正弦波，使用频率要限制在仪表所标出的频率范围内，一般仪表的工作频率为 50 Hz。

2.2 测量误差与测量结果的误差分析估算

2.2.1 测量误差

测量就是比较过程，是把被测量（未知量）与已知的标准量进行比较，以求得被测量数值大小的过程。但事实上，可以说不论采用什么测量方法，也不论怎样进行测量，测量的结果与被测量的实际数值总存在差别，这种差别叫作测量误差。根据误差来源一般可分为系统误差、随机误差、过失误差等。

2.2.2 测量结果的误差分析估算

由于实验离不开各种直接的、间接的测量，测量误差又不可能完全消除，因此在进行测量之后，对于测量结果一定要进行准确程度的估算和分析。也就是说，一个完整的测量结果，除了有测量值（包括数量、单位）外，还应包括测量结果的误差情况估算。同时对于误差估算，也要抓主要方面，主要考虑来自仪器、仪表的准确度、仪表量程、仪表内阻与电路参数配合等方面引起的系统误差。限于篇幅，我们只对直接测量结果的误差进行估算。对于过失误差和随机误差，由于可避免，一般可不进行估算。

直接测量是将被测量与仪表指示直接进行比较，是最简单、最常用的方法，但是否可以说这种测量误差就仅仅是由仪表的准确度决定的呢？下面进行分析：

(1) 由测量仪表准确度引起的基本误差。如果仪表使用条件符合要求，测量结果就应根据仪表的准确度进行估算，但是同时也应当注意仪表的准确度并不等于测量结果的准确度。因为同一块表对应于不同的测量条件和被测量值，其测量结果的相对误差是不一样的。例如一块满量程为 100 V、0.5 级的电压表，测出的结果如果正好为 100 V，那么这个测量结果的相对误差为 0.5%，而最大绝对误差 $\Delta X_m = 100 \text{ V} \times 0.5\% = 0.5 \text{ V}$，可以看出这个测量结果的误差正好等于仪表的准确度级别，也是最理想的情况。

(2) 由量程引起的测量结果的相对误差的估算。如果上述被测量的值不是 100 V，而是 20 V，也就是说电压表的最大绝对误差 0.5 V 不变，而被测值不是 100 V，而是 20 V，那么测量结果的相对误差就是 0.5 V/20 V=2.5%，属于 2.5 级表，2.5%≫0.5%。这个结果的产生是由于量程选择不合适，也就是说用量程 100 V、0.5 级的电压表测 20 V，结果相对误差增大到 2.5%。所以在实际应用中，为了减少这类测量误差，应尽可能使仪表工作在大于 1/2 量程的位置，否则就等于把仪表降级使用。实验中这样的情况和例子很多，所以对测量结果进行误差估算时也要考虑这方面的因素。

(3) 由测量仪表使用不当而引起的附加误差估算。如果仪表测量时使用不当或者说仪表不是工作在正常条件下,则测量结果又增加了附加误差。总误差由基本误差和附加误差两部分组成,就会更大。

(4) 仪表内阻与电路参数配合不当,引起的测量结果的误差估算。测量时通常需要把仪表接进电路,因此测量结果的误差估算还应考虑由于所接仪表的内阻而使测量结果发生的变化。尤其在以下情况,更不能忽视。

① 当被测电阻元件的阻值较大,而测量用的电压表的内阻又较小时。如图 2-2-1(a)所示电路 $R_1=R_2=100$ kΩ,需分别测出电阻 R_1 和 R_2 上的电压,由电路可计算出 $U_{R_1}=U_{R_2}=100$ V。可是当用一块 0.5 级、100 V 量程、内阻为 500 Ω 的电压表对电阻 R_1 两端进行电压测量时,见图 2-2-1(b),由于电压表内阻的影响,使得 AB 两端的等效电阻 $R'_1=R_{AB}=[(100\times0.5)/(100+0.5)]$ kΩ$=4.4975$ kΩ。两端电压计算值 $U_{R_1}=[200\times R'_1/(R_2+R'_1)]V=0.99$ V≈ 1(V),与 100 V 的实际值相差近 100 倍,我们实际测量的结果也是小于 1 V。对于实际为 100 V 的电压,却测出为 1V 这样的测量结果,如果不进行分析和估算,还有什么实际意义呢? 这个结果根本不是 0.5 级准确度、100 V 量程的原因造成的,而是由仪表的内阻太小造成的。

② 当被测电阻元件的阻值较小时。如图 2-2-2(a)所示电路参数 $R_1=R_2=10$ Ω,可计算出 $U_{R_1}=U_{R_2}=100$ V。如果还是用这块 0.5 级、100 V 量程、内阻为 500 Ω 的电压表对电阻 R_1 两端进行电压测量,见图 2-2-2(b)所示电路,电压表接上后,则 AB 两端的等效电阻 $R''_1=R_{AB}=[(10\times500)/(10+500)]$Ω$=9.8$ Ω。

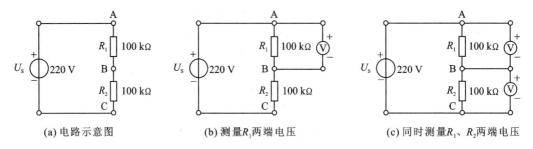

(a) 电路示意图　　(b) 测量R_1两端电压　　(c) 同时测量R_1、R_2两端电压

图 2-2-1　两个大电阻串联电路的测量

两端电压计算值 $U_{R_1}=[200\times9.8/(10+9.8)]V=98.9$ V≈ 99 V,接近 100 V,但误差也超出电压表级别的准确度范围。因为 100 V 量程、0.5 级表的最大绝对误差只为仪表量程的 $\pm 0.5\%$,是 0.5 V。如果以两块这样的表同时测量 R_1、R_2 两端电压,如图 2-2-2(c)所示,则测量结果的准确度将有可能不低于仪表的等级。

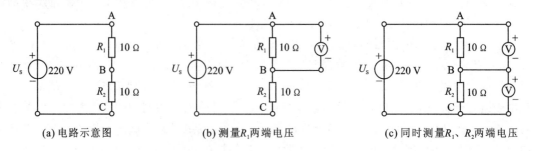

(a) 电路示意图　　(b) 测量R_1两端电压　　(c) 同时测量R_1、R_2两端电压

图 2-2-2　两个小电阻串联电路的测量

从上面这个简单的例子可以说明对测量结果进行误差估算的重要性。同时也说明测量本

身是个综合性问题,包含各个方面,有理论的也有经验的,最关键的是对具体的问题要做具体分析。如果对于这么一个简单电路,这么一个简单测量,只知道测电压用电压表并联连接,测电流用电流表串联连接,只知道是多少就读多少记多少,还是很不够的。从上面例子可以充分说明,尽管实际电压值为 100 V,而在选择使用的电压表量程也是 100 V、级别 0.5 级,连接方法都正确的情况下,测出的结果可能是 1 V,也可能是 99 V,结果就相差近 100 倍。简单测量尚且如此,那么复杂测量、间接测量就更可想而知。所以实验中一定要重视对测量结果进行误差估算和分析,这也是测量结果分析的重要性。同时也提醒同学们,实验测量时选表、用表也是个需综合考虑的问题,并不是表的级别越高,测量结果就一定越准确。关于测量误差、误差表示方法、间接测量的误差估算,各种测量的误差计算等,很多测量技术方面的书籍都有详细的理论分析与介绍,这里不再详述。

③ 有效数字的确定。有效数字是指用仪器和仪表直接读出的确切数字和最后一位有疑数字,实验测量结果的数字位数应由以下原则来确定:一是按测量的准确度来确定有效数字的位数,与误差大小相对应。再根据数据取舍规则将有效位以后的数字舍去。二是数据取舍规则遵循"小于 5 舍,大于 5 入,等于 5 时采用偶数法则"。所谓偶数法则就是"舍去位是 5 时,前位是奇数就加 1,是偶数就不变"。

2.3 实验测量常识

2.3.1 读图的基本步骤

由于电路的主要任务是对信号进行处理,不同的处理方式效果也不同。因此,读图时应以所处理的信号流向为主线,根据信号的主要通路,将整个电路划分为若干具有独立功能的基本单元电路进行分析。识读电路图的基本步骤是:

(1) 了解用途

只有首先了解和分析电子电路用于何处?有什么作用?才能进一步弄清工作原理和各部分的功能以及性能指标。

(2) 浏览全图找出通路

首先,要浏览全图,对整个电路有个大概了解,在此基础上,再找出信号流向通路,一般信号通路找出后,电路的主要组成部分大致就可显示出来了。信号的传输枢纽是有源器件,因此,可根据它们连接的关系找出信号通路。

(3) 划分单元及画出整个电路功能图

沿着信号的主要通路,将原理图分成具有单一功能的各部分单元电路,将各部分的功能电路图用相应的框图表示并在框图中标注功能名称。把框图之间联系成一个整体框图,由此可以清晰看出各基本单元电路之间如何配合实现总电路的功能。

(4) 分析功能

在划分单元和框图后,根据已有的知识,定性地分析各个单元电路的工作原理和功能,必要时对各部分电路的性能指标进行估算,要先分析静态,再分析动态。

(5) 总结全电路的工作原理和特性

当局部电路都分析清楚后,再根据方框图从头到尾地联系整体,顺着信号流程,从电路图的输入端起逐步与输出端贯穿起来进一步理清信号的传递流程及类别,以便对整个电路原理与功能有一个完整的认识,然后分析整个电路的性能指标。

2.3.2 分析方法

看不懂某部分的电路图,不外乎两种情况:一种情况是对电路在该处的作用不清楚,就是说不知道该电路的输入输出信号的状况,如果知道它们的输入、输出信号,就容易推断出该电路的作用。另一种情况是由于电路的"变形"或元件较多,对基本电路又不很熟悉,虽然已知某部分电路在整体中的作用,但不知道该电路究竟怎样起作用的。遇到上述两种情况最好的办法是将电路简化,并画出功能图,然后分析。经常用于分析电路的方法有:

(1) 直流等效电路分析法
① 了解被分析电路的直流系统;
② 知道静态工作点,掌握其静态工作状态和偏置性质;
③ 弄清级与级之间的耦合方式;
④ 计算某些关键点的静态工作电压;
⑤ 分析电路中有关元件在电路中所起的作用。

(2) 交流等效电路分析法
① 把电源 U_{CC} 看作短路;
② 把交流旁路电容一律看作短路;
③ 把隔直耦合电路一律看作短路。

2.3.3 测量方法

(1) 静态工作点的正确测量

由于数字式万用电表直流电压档测量的是电压平均值,如果在静态直流电压值之上,叠加一个平均值为零的交流电压分量,则对测量静态直流电压值无影响。如果交流电压分量平均值不为零,则对测量静态直流电压值有影响。因此,在测量静态直流电压时,应先拆除信号源,再将输入端短路,使 $U_i=0$。对于放大倍数不高的阻容耦合放大电路,也可将信号源开路,然后用数字式万用电表的直流电压档进行测量。在测量静态工作点时,U_{CE} 是比较重要的指标。由于晶体管的 β 值随 Q 点而变,因此一般不是按计算出来的 R_b 值调整 Q 点,而是调节 R_b 值使 V_{CE} 达到给定值。

(2) 交流电压量的正确测量

① 测量交流电压首先要注意仪器的共地。这里所说的"地"是指仪器或线路的公共端。当两个或多个电子仪器是通过交流电源(220 V)供电时,为防止干扰,需要将这些仪器各自的公共端与放大电路的公共端连在一起,即"共地",并且各仪器的外壳避免相互接触。

② 测量交流电压时,一定要在放大电路正常工作时进行,并注意用示波器监视输出波形,应在波形不失真且无干扰、振荡的情况下测量。

③ 信号输入线使用屏蔽线,以屏蔽空间干扰信号,电源变压器尽量远离放大电路的输入端。

④ 合理安排仪器的位置,使放大电路的输入线、输出线、交流电源线、信号测试线之间避免耦合,输出线不要靠近输入线。接线应尽量短。

⑤ 尽量减小接地电阻,为此就应缩短地线长度。地线应粗而直,同时合理选择接地点。在可能的情况下,地线最好接在同一点上。

2.3.4 电路实验中的常识

(1) 电平和分贝

晶体管毫伏表有分贝刻度,以便供测量时使用。以下简要介绍电平和分贝。

电信号的功率或电压经过电路网络后,在网络输出端呈现的功率值或电压值总会有变化。人们通常不仅需要知道输出功率或电压的绝对值,而且还要计算出输出功率或电压与某一输入功率或电压的比值是多少,这个比值是个相对值,电平就是用来表示功率或电压相对值大小的一个参量。

电平的单位是分贝,用符号 dB 表示,功率的分贝数规定为输出功率与输入功率之比的以 10 为底的对数值乘以 10,即

$$功率电平值 = 10\lg P_2/P_1 \quad (dB)$$

式中:P_1 为输入功率;P_2 为输出功率。

从上式可以知道,当 P_2 大于 P_1 时 dB 值是正的,表示网络有放大作用;当 P_2 小于 P_1 时,dB 值是负的,表示网络有衰减作用。

根据功率电平的表达式,可得到电压电平的表达式:

$$电压电平值 = 20\lg U_2/U_1 \quad (dB)$$

式中:U_1 为输入电压;U_2 为输出电压。

在上式中,若 U_1 是任意值,则按 $20\lg U_2/U_1$ 计算出的电平是相对电平。例如有一放大器,当输入电压 $U_1 = 1$ mV 时,其输出电压 $U_2 = 2$ V,用相对电平制表示的该放大器的放大倍数的电平值为 $20\lg 2/10^{-3} = 66$ dB。

用分贝数表示电路的放大或衰减作用有两个优点:一是符合人的感觉器官的感受规律,因人听觉声感强弱的变比,正比于音频信号功率的对数值。二是给运算带来方便,用对数运算可使乘法转换成加法。例如计算多级放大器的放大倍数时,用分贝表示后,各级放大倍数的相乘就转变为各级分贝数相加。

如果在电压电平的表达式中,取 U_1 为 0.775 V(正弦有效值)作为基准电压,则电压电平的表示式为 $20\lg U_2/0.775$。

当 $U_2 = 0.775$ V 时,有 $20\lg U_2/0.775$ V $= 0$ dB,故 0.775 V 又称为零电平电压值,0.775 V 正好是 600 Ω 电阻上产生 1 mW 功率时,电阻两端的电压值。按 $20\lg U_2/0.775$ V 计算出的电平是绝对电平。这个方法与人们为了比较高度而选择海平面作为参考基准的方法有类似之处。

晶体管毫伏表可测量绝对电平(即相对于 0.775 V 零电平而言),晶体管毫伏表第三条刻度线是分贝刻度。测量电平时,被测点的实际绝对电平分贝数为表针指示的分贝数与量程选择开关所指的分贝数的代数和。例如量程选择开关置于 +20 dB(10V)挡,表针指在 −2 dB 处,则实际绝对电平值为 (+20 dB) + (−2 dB) = 18 dB。

(2) 峰峰值、幅度值和有效值

在实际测量中,用交流毫伏表测量交流信号时,显示的为有效值。而示波器显示出的是正弦波的峰峰值或幅值,为了便于换算,特将它们的换算关系介绍如下:

峰峰值 U_{PP} 为正弦波波峰和波谷的绝对值之和,一个波峰或波谷的幅度值表示为 U_m,有

效值表示为 U。用公式表示三者间的关系为：

$$U_{PP} = 2U_m = 2\sqrt{2}U$$

各种波形的交流电压其峰值、有效值、平均值的关系如表 2-3-1 所列。

表 2-3-1 各种波形交流电压的峰值、有效值、平均值的关系

名 称	波 形	峰 值	有效值	平均值
正弦波	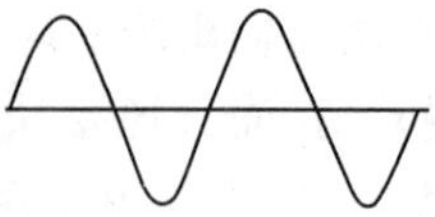	U_m	$0.707\,U_m$	$0.637\,U_M$
半波整流后的正弦波	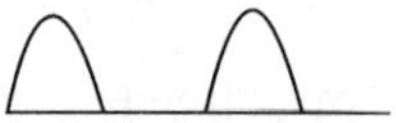	U_m	$0.5\,U_m$	$0.318\,U_m$
全波整流后的正弦波	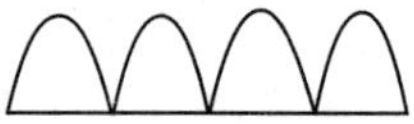	U_m	$0.707\,U_m$	$0.637\,U_m$
三角波	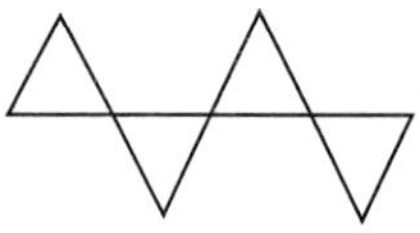	U_m	$0.577\,U_m$	$0.5\,U_m$
方波	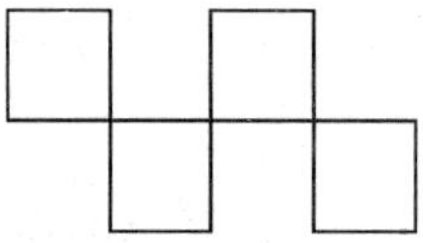	U_m	U_m	U_m
梯形波	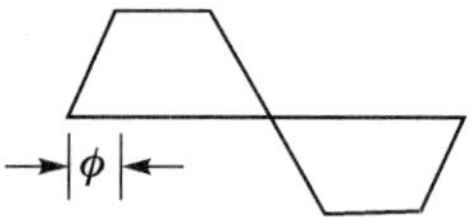	U_m	$\sqrt{1-\dfrac{4\phi}{3\pi}}\,U_M$	$\left(1-\dfrac{\phi}{\pi}\right)U_M$

（3）接地与共地连接的常识

电路系统中所说的接地，其意思是使电路或电子设备与地球的电位相同。接地一般有两个目的：一是确定基准电位；二是保护操作人员免于触电。

在电路图中或在仪器面板上的接线柱下面常有"⊥"这种符号，这就是接地的符号。这个点被选为各点电位的公共参考点，规定该点电位为零。通常电子仪器的金属外壳都是和接地点相连接的。这样接既能使外界的电磁场不致影响仪器内部电路的正常工作，又能使仪器内部的电磁场不影响外部其他电路的正常工作，故外壳与接地点相连接起了良好的屏蔽作用。

在有若干台电子仪器连接成的电路系统中，为了使弱电信号不致受到外部电磁场的干扰，应把各仪器的接地点连在一起，作为零电位点，这称为共地连接。在调试电路时，若公共接地点接不好，就会出现异常现象，使测量误差增大，或根本不能进行测试。

2.4 电路与常用仪器、仪表的正确连接

电路和各种仪表测试接线连接的准确无误，是做好实验的前提与保证，是实验人员基本功的具体体现，也是每个实验都必须做、最容易做，但最不容易做好、从而引发事故最多的一项工

作。比如短路事故,烧毁仪器、仪表、设备、器件,多数是由于接线错误所致。如何保证电路连接和各种测试接线连接正确,关键是思想上重视和方法得当,并且还要做到以下几点。

2.4.1 电路的正确连接

(1) 连接前的准备工作

电路连接和接线前,一定要做好准备工作,首先在实验台上摆好实验所用的电源、仪器、仪表、实验板等。摆放时或从左到右,或从右到左,摆放成一排或两排,要有个规律和合理顺序。还要注意把随时需要读取数据和观看规律现象的仪器、仪表放在易读易看处,把需要随时调节的仪器、仪表放在顺手处,把易发热和危险端钮(如 220 V/380 V 端钮、调压器的进出接线端子排、易损器件)放在不易接触到的位置或转个合理的角度,使之离手较远。实验台上物品摆放是否合理,以既能保证连线不相互交叉干扰,又便于仪表数据的读取和操作调试的安全为准。

(2) 电路正确连接顺序

电路正确连接顺序一般为先接主回路,再接辅助回路。主回路就是电源、电流表与负载串联的回路,或者说是通过同一电流的回路。对于主回路,连接时可按路径(电流流动方向)进出依次连接,连接后按图检查无误,再接并联的回路即辅助回路,最后再接电源两端和电压表。

(3) 连接要准确牢固

各连接线两端的连接处一定要拧紧、插牢,对于插接件一定要看清结构后再对正接插到位,开关通断、转换开关旋钮等都要准确到位,而且旋转、插拔时都不能用力过猛,以免造成连接处损坏、脱扣、串位、转轴等。在同一个接线端子上接线不宜多于三根。

(4) 电路连接要井然有序

电路连接要达到清楚易看、易查和易操作的效果,建议如下:

① 连线的颜色选择与搭配要合理。凡是与电源正端、火线端相连接的线一般为红色、深色或按所连接的相序配色,如与 A 相连接用黄色,与 B 相连接用绿色,与 C 相连接用红色等,而与电源负端或中性线端相连接的线一般为白色、黑色或浅蓝色。如果同时用两路直流电源,两路负端可用相同颜色,但正端要用两种不同颜色的线以示区别。对于三相电路或复杂接线,要注意同一相选用同一颜色,使复杂接线合理、规范化,既便于查线,又便于观察和准确无误地选择测试点。

② 连线长短要适宜。连接时能用短线尽量用短线,避免导线过长又互相交叉。如果必须交叉时,两根交叉线最好选用不同颜色,以示区别。

③ 连线的粗细(指线径)要合适。根据电流大小选择线径,电流越大,线径应选择得越粗。

④ 连线种类选择要有针对性。与接线柱、接线端子相连时要选叉头线;与香蕉插座孔相连时要选香蕉头线;各种万用电表等要用专用线。注意电流表连线最好不用带测试表笔的线,以免误用来测电压而把表烧坏。最好从第一次实验开始就注意和明确连接导线的选择使用,以后实验就会习惯。

(5) 不要带电拆改接线和任意甩线

实验中无论高压或低压,电路都不要带电拆改接线,也不要随便把接在电源端子上的或电路中任何接线端子上的导线的另一端空甩在一边,否则容易发生触电事故。电源端也不能有多余连线,以免引发短路事故。

(6) 及时清理多余材料

实验中要及时把用剩的导线、导电物品、改锥、镊子和钢笔笔帽等,拿开收好或放回抽屉里,以防引起短路或间接触电事故。

(7) 线路连接后要先自查、互查

线路全部连接好后要先按图自查、同组人互查后,再请老师检查,经老师允许后方可通电。

2.4.2 常用仪表、仪器的正确连接

1. 电流表连接方法

(1) 要串联。各种类型毫安表、安培表和万用电表电流档,使用时都要串接在被测电路或支路中。为了防止用错,强调电流表要与负载串联,见图2-4-1。

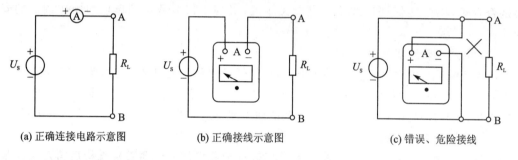

图 2-4-1 电流表与电路的连接

(2) 直流电流表接线要注意极性。用直流电流表测直流电路的电流时,连线应保证电路电流从表的"+"端流入,而从表的"-"端流出,如图2-4-1(b)所示。

(3) 电流表不能直接与不带负载的电源连在一起,如图2-4-2所示。这种连接实际上是把电流表与电源并联。由于电流表本身内阻非常小,这样接线的结果会因流过电流表的电流过大而把表烧坏。

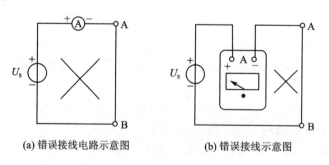

图 2-4-2 电流表错误、危险接线

2. 电压表连接方法

各种类型毫伏表、伏特表和万用电表电压档,测量电压时都要跨接在(并联在)被测电源或负载两端(A、B端),如图2-4-3(a)、(b),图(c)为错误接线图。

3. 欧姆表连接方法

(1) 并联。各种类型欧姆表和万用电表欧姆档,在测量电阻时都要跨接在(并联在)不带电的被测电阻或负载两端,见图2-4-4。

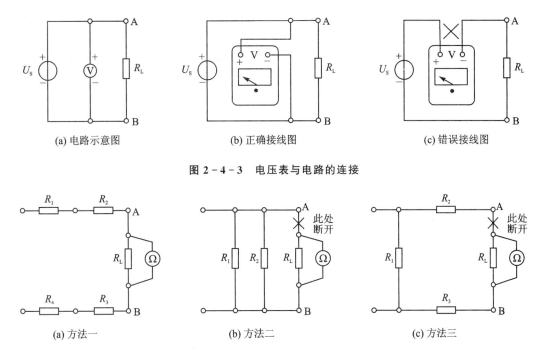

(a) 电路示意图 (b) 正确接线图 (c) 错误接线图

图 2-4-3 电压表与电路的连接

(a) 方法一 (b) 方法二 (c) 方法三

图 2-4-4 欧姆表测量电阻的正确连接示意图

(2) 测量某一元件电阻时,注意不能有其他并联支路,如果像图 2-4-5(b)的方法进行连接,则欧姆表测量的结果是电阻 R_L 与电阻 R_1、R_2 共同并联的值,而不是 R_L 本身的值。如果只测电阻 R_L 的值,则需把电阻 R_L 从电路中断开一头,见图 2-4-4(b)。图 2-4-5(a)、(c)的错误亦同,正确测法见图 2-4-4(a)、(c)。

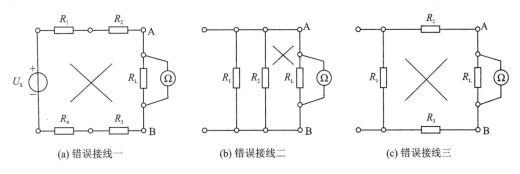

(a) 错误接线一 (b) 错误接线二 (c) 错误接线三

图 2-4-5 欧姆表测量电阻的错误连接示意图

(3) 注意测试结果的分析。复杂电路中的电阻测量要注意测量方法与测量结果是否正确的分析。如图 2-4-5(c)所示电路,无论把欧姆表并在哪个电阻两端,测的都不是那个电阻本身的值,而是其中一个电阻与另外三个电阻串联后相并联的值。正确的方法是,将被测电阻与其他电阻断开后再进行测量,如图 2-4-4(c)所示电路。

4. 单相功率表接线方法

功率表接线好像很复杂,很多人总觉得拿不准,怕接错。尤其是不了解功率表内部电路结构时,更觉得功率表接线很头痛。实际上只要会电压表、电流表接线,功率表的接线也就一定不成问题,即将其电流端子串联、电压端子并联。大多数功率表有两对接线端子,一对标"I"的接线端子是电流接线端子,同电流表接法(串联);另一对标"U"的接线端子是电压接线端子,同电压表接法(并联);但接线时一定要注意把电压与电流的带"＊"端子(同名端)接在一起,而且与电流同名端连在一起的电压端子上不能再有其他接线。另外老式功率表,还有带连接片的用于量程变换的端子,使用时按要求进行连接即可。功率表的正确接线如图 2-4-6 所示。

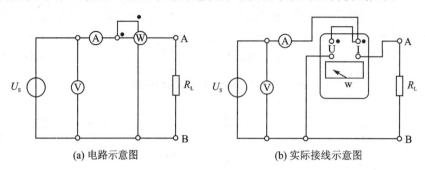

图 2-4-6　功率表的正确接线

5. 示波器连接方法

如果观测电压波形,它测量的输入信号是电压信号,所以示波器测量时取信号等于测电压,测量连接方法同电压表。如果观测电流波形,需在电路中串一个采样电阻,通过观察这个电阻两端的电压信号的方法来实现。

6. 函数信号发生器连接方法

它是输出频率和电压的,连线时注意其公共端。

7. 交流毫伏表连接方法

用于测量交流电压,其方法同电压表,除了正确连线外,同样要考虑电压量程。

8. 调压器连接方法

(1) 单相调压器

A、X 为调压器输入端,接 220 V 电源,A 端接火线,X 端接地线(中性线端)。a、x 为调压器输出端,a 端接电路火线,x 端接电路地线或零线,接线见图 2-4-7(a)。

(2) 三相调压器

基本与单相调压器相同,大写为输入端,小写为输出端,接线见图 2-4-7(b)。

特别注意:调压器输入端、输出端不能接反。

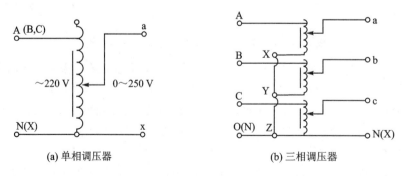

图 2-4-7　调压器的连接

2.5 实验数据的处理

如何对实验中所测得的数据、曲线、现象进行深入的分析、计算,以便找出各参数之间的关系,或者用数学解析的方法导出各参数之间的函数关系,这是数据处理的任务。通常可采用表格法、图示法等进行数据处理。

2.5.1 表格法

将实验数据按某种规律列成表格,这种方法工程上经常采用。它不仅简易方便、规律性强、明了清楚,而且还能为深入地进行分析、计算及进一步处理数据或用图示法展示实验结果打下基础,所以实验中大量采用表格法。采用表格法时要注意:

(1) 列项要全面合理、数据充足,便于进行观察比较和分析计算、作图等。

(2) 列项要清楚准确地标明被测量的名称、数值、单位以及前提条件、状态和需观察的现象等。

(3) 能够事先计算的数据,应先计算出理论值,以便测量过程中进行对照比较。

(4) 记录原始数据的同时要记录条件和现象,并注意有效数字的选取。

2.5.2 图示法

图示法可更直观地看出各量之间的关系、函数的变化规律,如递增或递减、大小变化等,便于各量之间的比较和被测量的变化规律的观察。

图示法常用的是直角坐标法,一般用横坐标表示自变量,纵坐标表示对应的因变量即函数。将各实验数据描绘成曲线时,应尽可能使曲线通过数据点,但又不能画成折线,所以对数据点应正确取舍,最后连接成一条平滑的曲线。采用图示法时要注意:

(1) 横坐标尺寸比例要根据被测量数量级的大小、曲线形状等合理选择,并应注明被测量的名称及单位。曲线图幅度大小要适当,一般以能完整包含数据的最大/最小值为标准,最好选用坐标纸。

(2) 应正确分度坐标横、纵轴,分度间隔值一般应选用 1、2、5 或 10 的倍数,而且根据情况,横、纵坐标的分度可以不同,但要使曲线能正确反应函数关系并在坐标上大小适宜。如果实验数据特别大或特别小,可以在数值中提出乘积因子,例如提出 10^5 或 10^{-2},将这些乘积因子放在坐标轴端点附近。

(3) 在连点描迹时,为防止数据点不醒目而被曲线遮盖,或者防止在同一坐标图中有不同的几条曲线的数据点混淆,各种数据点可分别采用"+"、"×"、"⊙"、"△"、"□"等符号标出。

(4) 为了使曲线更接近实际,能正确完整地反映量值特点,要正确选择测试点。尤其是极值点、特征点和拐点周围应多选些测试点,对于线性变化的区段内则可少选些测试点。

(5) 若干彼此相关的量,如果特性曲线有共同的横坐标和纵坐标,应尽量绘在同一图上,以便更好地看出它们之间的相互关系。

2.6 实验故障及一般排除方法

故障是实验中常见的事,能否快速、准确查出故障原因、故障点,并及时加以排除,是基本功和能力的体现。要快速准确排除故障,既需要有较深的理论基础,又需要有丰富的实践经验和熟练的操作技能,才能对故障现象做出准确的分析和判断,排除故障的能力也有个不断学习、总结和提高的过程。这里仅就电工实验中可能会遇到的一些常见故障、发生原因及排除方法做简要的介绍。

2.6.1 实验故障及故障产生的原因

(1) 开路故障。故障现象一般为无电压、无电流、无任何声响与异常,只是仪表不偏转,示波器不显示波形等。

产生原因是电路有断开处,保险丝熔断,导线有断线处,元器件有断开处,接线端子、插接件连接不好或没接触上,接线端子松动,焊片脱离,开关内部通断位置不对等。

(2) 短路故障。属破坏性故障,一定要防止。故障现象为电流急剧增大、表针打弯或电源保险烧断,元器件损坏或元器件发热厉害,有冒烟、烧焦、异味等。

产生原因多数为线路连接错误。如电源输出端或线路端子间距离近,被接线端子外露部分短接等原因,造成电压源输出端被短接;调压器或变压器接反,把低电压或"0"输出错接到 220V 电源上;也可能由于电路参数选择错误,把小阻值负载当成大阻值负载用;可调电阻的可调输出端误放在很小(初始值一般应该放在较大位置)或接近"0"位置;测量时误用内阻很小的电流表并联在电源或大阻值负载的两端,相当于用电流表去测电压;电路复杂,多余的连线把电源间接短接;电感器件被接到直流电源上;接在电路上的电容元件已被击穿短路、极性接反等。

(3) 其他故障。故障现象多变,如测试数据时大时小,测一次一个数;测试的数据与预先估算值相差较远;表针指示突然变大;某器件过热。

产生原因大多是接触不良或仪表、器件选择不当引起。如接线端与导线接触松动,线路焊接不牢固或虚焊,导线似断非断,开关、刀闸本身接触不好;调压器碳刷接触不良,某位置没输出,而某位置突然有输出但超过需要值;仪表测量机构部分阻尼不好,机械部分位置多变;测试仪表与电路参数不匹配,如电路总阻抗很小,而测量时串联电流表阻值又偏大;被测器件阻值很大,并联电压表内阻又偏小;表的量程选择不当;多量程仪表、仪器的旋钮错位;测试方法错误,用电流表或欧姆表去测电源电压;电路带电,有其他并联和相关支路情况下去测电阻;元器件参数容量选择不当,通过元件电流超过允许值,器件发热时间长,特性变化等。

(4) 元器件损坏。故障现象为电阻器件、电感器件过热烧坏,二极管、晶体管被击穿,电容器被击穿、放炮,集成芯片烧坏等。

产生原因为通过电阻、电感线圈的电流超过允许值;外加电压升高使流过器件的电流增加,通电时间长散热又不好;电容极性接反,元件电压等级小于使用电压;极性电容器用在交流电路;集成芯片的引脚接错,电压过高等。

2.6.2 实验故障的一般排除方法

实验中电路故障的原因多种,现象多样,但其实质无非是电路接错断(开路)、短(短路)、接触不良(时通时断),或使用错误,如量程、容量、额定值选择不当,或者测试点、测试线连接不对等。

(1) 短路故障的排除方法

短路故障,后果严重,应立刻断电检查。可直接查看或采用测电阻法找出短路(电阻很小接近零)故障点,纠正错误的测试方法和接线错误等。

(2) 断(开)路故障的排除方法

断路、开路故障时,由于电路不通没有电流,一般直观看不出,但不等于电路没有电压,更不等于电路没有危险。排除方法如下:

① 采用断电后测电阻法。先把电路与电源断开,检查电源保险丝是否烧断,若保险丝未烧断,再逐个进行元件、导线的通断检查。器件、导线两端电阻正常时,应为很小或有一定阻值,如果为无限大,说明断了。应逐个依次查,直到查出断点为止。

② 采用电路带电测电压法。用电压表直接找电压等于电源电压的两点。如果是一根导线或一个器件两端电压等于电源电压,说明这根导线或这个器件断开,因正常时导线两端电压应为0或者很小,应逐段检查,直到查出断点为止。也可以用电压表先从电源输出端量起,先看电源有无电压输出,如果有电压,可以一个表笔不动,而另一个表笔往下移动,直到电压表测不出电压时,说明这点与前一点之间是断开的,再根据情况判断是导线、器件或其他连接部分何处断(开)路。

(3) 接触不良的排除方法

接触不良现象多样,可同样采取上述两种方法进行检查,但可能一下查不出,因故障现象可能在某一位置暴露,某一位置又不明显。查的过程要想想办法,将被查可疑部分变换位置或稍微晃动,使故障点暴露后便于检查和排除。

(4) 过载、过热、烧坏、过量程、放炮等故障的排除方法

要从参数、量程、容量的选择配合上是否合适,使用测量时连接是否正确等方面找原因,或检查是否有元器件容量不够、质量差、标称不符、旋钮位置不对等。

(5) 集成芯片的故障排除方法

要清楚各引脚的作用,芯片的电源电压一般不得超过规定5 V。但不管采取什么方法,怎么检查故障,都要在明确被测被查器件或被查部分的正常情况和故障情况的区别的前提下进行,否则怎么查也不易把故障查出,更不可能快速排除故障。

2.7 实验安全事项

安全第一,对电力生产、科学研究、教学实验,同样都是至关重要的。如何确保人身和设备安全,不触电,不损坏仪器、仪表、设备,是实验中要首先考虑的问题。

2.7.1 如何防止触电,确保人身安全

人体也是导体,当人体不慎触及电源或带电体时,电流就会流过人体,使人受到电击伤害。

伤害程度取决于通过人体电流的大小,通电时间的长短,电流通过人体的途径,电流的频率以及触电者的身体状况等。36 V 以上直流和交流电对人体就有危险,220 V 工频交流电对人体更危险。1 mA 的电流流过人体时就有不愉快的感觉,50 mA 的电流流过人体就可能发生痉挛、心脏麻痹,如果时间过长就有生命危险。我们在实验中经常要与 220 V/380 V 交流电打交道,如果忽视安全用电或粗心大意,就很容易触电。例如:由于疏忽,未将电源闸刀拉开就接线或拆线;又如实验中,某同学正在接线,而另一同学不打招呼就去接通电源;或者操作过程中手触摸了一头已连在电源或电路端子上,而另一头空甩的线头上;或者触摸了外壳带电的仪器上等。尽管实验室采取了有关防止触电的措施,但仍需每位同学从思想上重视,行动上认真。为防止万一,确保自身和他人的安全。实验中还要做到以下几点:

(1) 实验中应严格遵守操作规则。

(2) 不能随意接通电源,尤其是室内总电源,不经允许绝对不能擅自接通。实验台上电源的通断也要与本组同学打招呼,如果有同学正在接、改线时,千万不能不管不顾就去接通电源。

(3) 遵守接线基本规则,先把设备、仪表、电路之间的线接好,经查(自查、互查)无误后,再连接电源线,经老师检查同意后,再接通电源(合闸)。拆线顺序是断开电源后先拆电源线,再拆其他线。

(4) 不能随意甩线。绝对不能把一头已经接在电源上的导线的另一头空甩着。电路其他部分也不能有空甩线头的现象。线路连接好后,多余、暂时不用的导线都要拿开,放在抽屉里或合适的地方。

(5) 实验中手和身体绝对不摸不碰任何金属部分(包括仪器外壳)。养成实验时手始终只接触绝缘部分的好习惯,同时要绝对克服手习惯性的摸这摸那的坏习惯,或把整个手都放在测试点上的不良测试方法。

(6) 谨防电容器件放电放炮而使人体触电。电容器件通电时,人与器件最好保持一定距离,尤其对容量较大的电容。防止因电容极性接反,或介质耐压等级不够被击穿,放炮蹦人事故的发生。也不要随便去摸没有与电源接通和空放着的高电压大电容器的两端,防止带电电容通过人体放电。

(7) 防止电灼伤烫伤。测量时也要防止各种原因造成的短路所产生的电弧灼伤,被大功率管散热片、电阻性元件发热烫伤或被接在电源上的变压器、耦合电感元件等副方端子上的感应电压击伤等事故的发生。

(8) 万一遇到触电事故时不要慌乱,首先应迅速断开电源,断电不方便处可用绝缘器具操作,使触电者尽快脱离电源后再进行救护。如果同学在实验中趴在桌上,或者是物品、仪表、仪器摆放不合理挡住了电源开关,万一发生触电或事故,别人就无法及时拉闸断电,因而延误了时间而使事故扩大,造成生命和财产不必要的损失和破坏。这些在实验当中都要多加注意。

2.7.2 如何确保设备安全

1. 一般注意事项

(1) 挪用和搬动各种仪器、设备时,必须轻拿平放,或按要求位置正确放置。不能磕碰或任意扳扭各仪器、仪表上的开关、旋钮、按键等。

(2) 对不了解和没掌握其性能、特点及使用方法的仪器、设备等,不得使用和进行通电,更不能存在试一试坏不了的侥幸心理,把东西试坏了。

(3) 各种仪表通电测量过程中，当测试表笔未离开测试点时不能随意进行量程切换，更不能把万用电表等量程转换开关转来转去，这样极易使仪表损坏。

2. 设备安全的关键是正确选择与正确使用

(1) 正确选择仪器、设备

1) 根据用途选择类别，如电源类，仪器、仪表类，负载元器件类等。

① 电源类。主要选择输出信号类别，直流还是交流、正弦波工频源还是信号源，输出方式可调不可调，调节方式，稳压源还是稳流源以及最大输出功率、输出电压、输出电流、最佳阻抗匹配等。

② 仪器、仪表类。主要是选择测量类别、测量范围（量程）、测量准确度（级别）、使用位置、使用条件、适用频率范围等。选择仪表的内阻抗应考虑尽量减少仪表接入电路时对原电路工作状态的影响，所以电压表类选择内阻越大越好，电流表类选择内阻越小越好。

③ 电阻器件。首先根据需要选择电阻器件的类型，电阻的额定功率（瓦数）、阻值、准确度（误差百分数）和电阻的极限工作电压；对于最高环境温度、稳定度、噪声电动势、高频特性等在有些应用场合也需要考虑。在使用时，电阻两端能承受多大电压需根据 $U=\sqrt{PR}$ 计算得出，式中 P 为电阻器件的标称功率，R 为阻值。如已知的条件是电阻两端电压和通过电流，这时要经过计算才能进行电阻阻值与额定功率的选择，电阻的阻值 $R=U/I$，而电阻瓦数由 $P=UI=U^2/R=I^2R$ 求出。选用电阻的标称功率时，要尽量比计算值大些，这样更安全。

④ 电容器件。除需选择类别、标称耐压值（直流 DC 或交流 AC）、标称容量值以及误差百分数外，还要考虑电容的极性、绝缘材料与阻值、损耗、温度系数、固有电感和工作频率等。电解电容只能用在直流电路，但要注意"＋"、"－"极性不能接错。交流电路只能用无极性电容，所以只能选择标 AC 电压标称值的电容，或选择没标"＋"、"－"极性的大于 1.4～2.8 倍直流电压标称值的电容。电容容量要根据需要的容抗大小按 $C=1/\omega X_C$ 进行计算后选择，或通过查有关资料获得。

⑤ 电感器件。选择时主要考虑电感线圈导线允许电流和电感量大小，而电感值 L 的大小要根据感抗值 $L=X_L/\omega$ 计算得到，或者已知 L 值，再根据使用的电源频率计算 X_L 值。

2) 选择时要综合考虑其配套性。对于连接在同一电路中需同时使用的电源、设备、仪器、仪表、负载元件、电路元器件、连接线、插接件、开关等，使用前要认真核算各自的额定值、允许值、量程等是否配套，有关量值应大于实验需要值或选择量。如果额定值彼此有差别或差别大，又没有重新选择的条件，则应选低不选高，也就是说，选允许值、额定值低的，如量程低的、电压低的或功率低的等等；然后再统一考虑取值和测试点的选择，不能只看到其中的一个仪表和元件没超过量程，而不顾及到另一个已超过了额定值的仪表和元件，不然会造成额定值低的因过载而烧坏，量程低的因过量程把表针打坏等。

(2) 正确操作与使用仪器、设备

1) 要认真阅读使用说明书。说明书、表盘符号、铭牌都是仪器、仪表、设备正确使用的依据，对于没使用过的仪器、仪表、设备一定要先看说明书、铭牌、表盘符号或指定的相关附录，并且一定要严格按要求进行操作和使用。

2) 起始位置要正确放置。测量前各仪器、仪表的起始位置，量程选择开关的旋钮位置，各端子、各旋钮大小量程变换装置的位置，一定要放置正确。一般情况下，凡是可调的输出类仪器设备、电源等，开始要放在"0"位置，或低输出位置；凡是用来接受信号或测量用的仪器、仪表应先放在比估算值偏大的位置、偏大的量程,或合适位置,以防万一。

3) 正确使用调零装置。各仪表使用前要调零,所以要弄清各类指针式仪表的机械调零,欧姆表的欧姆调零,电子仪器仪表的电气调零的区别和正确的调整方法。测量前都要先调零,然后才能进行测量。

4) 正确进行连接。测量时电压表并联,电流表串联,功率表电压端子并联、电流端子串联还要同名端相连等不能接错。各仪器输入、输出端,调压器输入、输出端以及输出起始位置,元器件输入、输出端,变压器输入、输出端等都是绝对不能接错的。测量时接线方式、测试表笔测试位置,应串联的串联,应并联的并联。直流测量还要考虑表的"+"、"-"极性与电源对应关系不能接错。

5) 有源仪器、仪表使用的注意事项。使用本身带电源的仪器、仪表进行测量时,还要考虑测量过程中仪器、仪表输出的电流或电压能否损坏被测元件,所以要明确输出电流或电压的数量级。如用万用电表的欧姆档测微安表内阻就很危险,由于万用电表的欧姆档两个测试端测量时有电流输出,不同倍率输出电流虽然不同,但都可能大于微安表的量程,这就很可能因为测微安表内阻时考虑不周,反而把表烧了。测量晶体管等也存在此类问题。

6) 正确使用保护措施:

① 保险器的正确更换。凡是装有保险管(器、丝)的仪表、仪器设备、实验单元,实验中如果烧断保险器,不经允许不能随便更换。更换时一定要注意与原保险器容量一样大,不能任意换用额定电流值大的保险器。如果保险器额定电流值超过仪器、仪表最大电流允许值也就起不到保险(保护)作用了。

② 用好保护设施。多量程电表和万用电表用毕应将量程放在交、直流电压最大量程处;凡是带有工作电源的仪器、仪表使用后都要把电源断开;调压器用后及时退回零输出位置等。

7) 接通电源的同时要注意观察有无异常现象。接通电源时一定要注意观察各仪表指示值是否正常,与事先估算值是否接近,有否过量程、反转,有否冒烟、异味、声响、放炮、发热、烧保险等现象出现。如果有异常现象,必须立刻断开电源进行检查,排除故障后,再继续操作。

8) 实验过程中也要注意观察。实验中切记不能只埋头于操作和读数,还应随时注意观察有否上述异常现象出现,尤其是电阻类,时间长了可能出现过热甚至烧毁。

总之,正确选择和使用设备是一个综合性的问题,也是确保仪表、设备安全的关键。要彻底掌握虽不是件容易的事,但一定要认真去做。保证人身和设备安全的关键是思想上重视和行动上措施得当。安全来自警惕,事故出自麻痹。只要实验中随时注意,并科学对待出现的问题,就可确保人身和设备安全。

第3章 常用仪器及实验装置

在电工实验中我们要应用到各种仪器、仪表。为加强实验教学,着重于实验方法和实验技能的训练,配合实验室的开放,使学生能独立地完成各项实验内容,下面仅简要介绍电工实验中常用的电工仪表、电子仪器的主要性能和使用方法,具体基本知识与原理不做介绍,请参阅有关书籍。

3.1 数字示波器的使用手册

本实验室使用的示波器是台湾固纬的 GDS-806C 和 GRS-2065C 两种型号,GRS-2065C 与 GDS-806C 使用方法完全相同,只是面板上操作键的位置有些差异而已。这里介绍 GDS-806C 的使用说明。GDS-806C 的操作面板如图 3-1-1 所示。

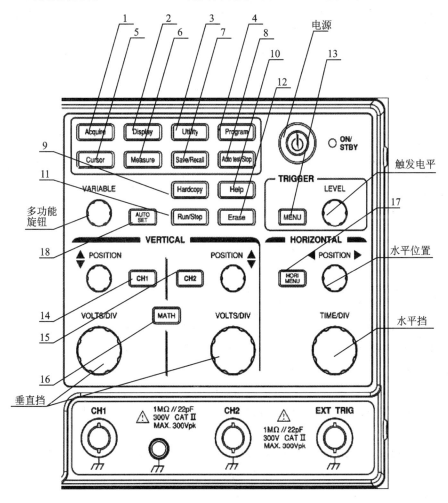

图 3-1-1 GDS-806C 的操作面板

1. Acquire(捕获)

采样:按下 F1 键可选择采样截取模式,采样模式是这台示波器的预设模式。在采样模式中,示波器会将每个相同采样间隔的采样点由第一个采样点依序记录并显示出来。

峰值检测:峰值检测会显示每个采样间隔里最低与最高的电压值。

平均:平均截取模式会平均数个采样波形并予以显示。当使用平均截取模式时可减少波形的噪声。可选择的平均次数为 2、4、8、16、32、64、128、256。

记录长度:选择示波器记录波形所需的记录长度,可选择的记录长度为 500、1 250、2 500、5 000、12 500、25 000、50 000、125 000。较长的记录长度可让使用者观察隐藏在波形中的细微变化。

2. Display(显示)

按下 Display 可选择波形显示的方法与格线形式。

类型:按下 F1 键可选择矢量显示模式或是点模式。在矢量显示模式中,相邻两采样点之间会被填上矢量来显示。再按一次 F1 键可切换为点显示模式,每一采样点以点表示。

波形保持:开启波形保持模式可以观察到波形在持续采样中的变化量。

波形更新:更新波形,例如可以在波形保持模式中清除之前所积累的波形并重新显示采样波形。

对比:按下 F4 键可选择 LCD 屏幕的对比亮度,旋转 VARIABLE 钮可调整对比。

3. Utility(功能组件)

印表机菜单:本示波器目前支持 Hewlett-Packard 的 PLC5 激光与喷墨印表机。

注意:本示波器不支持任何 USB 印表机!

接口菜单:本示波器提供 RS-232、USB 与 GPIB(额外选购)通信接口供使用者使用。

蜂鸣器:选择蜂鸣器的发生频率。

语言菜单:提供英文、简体中文、繁体中文、韩文、德文、法文、意大利文、芬兰文以及俄文共九种语言菜单。

下一页:到下一页菜单。

自我校正菜单:本菜单功能请参考服务手册。

系统信息:显示公司名称、机种名与固件版本。

Go/No Go 菜单:"Go/No Go"判别功能可让使用者依据事前设定好的模块来判别输入信号是否与模块符合,并且有警示功能供使用者选用。

相关的警示功能有:① 内建的蜂鸣器用来发声警示;② 利用在后背板的"Go/No Go"BNC 接头的输出信号再连接到其他设备给予警示。

置于后背板的"Go/No Go"BNC 接头的输出位准定义如下:

如果判别结果是符合的,则输出位准将持续维持在低电位(开路集电极输出)。如果判别结果是不符合的,则"Go/No Go"BNC 接头将输出一个大约 $10\mu s$ 的脉冲信号。具体有以下几个内容:

(1) 上下限编辑:按此键进入模块编辑模式。

(2) 信号源:选择通道一或通道二作为被判别的信号源。

(3) 越界处理:选择输入信号超越模块时的处理模式。

注意:越界处理是根据前一页菜单的"No Go When 未超出/超出"设定而做的判别。

(4) 停止+喇叭声:当输入信号被判别为"不符合条件"时,"Go/No Go"功能会停止执行,蜂鸣器会发出一次声响。

(5) 停止:当输入信号被判别为"不符合条件"时,"Go/No Go"功能会停止执行。

(6) 继续:当输入信号被判别为"不符合条件"时,"Go/No Go"功能会继续执行。

(7) 继续+喇叭声:当输入信号被判别为"不符合条件"时,"Go/No Go"功能会继续执行,蜂鸣器会发出一次声响。

测试"Go/No Go"次数与测试次数会在底下"Ratio"这一栏被统计出来。

(8) Go/No Go 开/关:开始执行"Go/No Go"功能。

(9) Ratio:显示不符合次数(No Go)与测试次数(分母)。

(10) No Go When 未超出:选择此功能时,如果输入信号未超出模块,则示波器会判断此"未超出"信号为"No Go"。

(11) No Go When 超出:选择此功能时,如果输入信号超出模块,则示波器会判断此"超出"信号为"No Go"。

(12) 探棒补偿与 demo 信号菜单:调整测棒用 1K 补偿信号与其他两种 demo 信号的选择。其中之一为峰值检测 demo 信号,另一种是内长存 demo 信号。具体有以下几个内容:

① 输出信号类型菜单:可选择 1K 补偿信号或其他两种 demo 信号。其中之一为峰值检测 demo 信号,另一种是长内存 demo 信号。

② 频率调整:调整 1K 补偿信号的频率,范围为 1~100 kHz。

③ 周期调整:调整 1K 补偿信号的周期比,范围为 5%~95%。

④ 初始 1K 补偿信号:设定输出为 1K 补偿信号默认值,频率 1 kHz,周期比 50%。

(13) 前一页:回到前一页菜单。

4. Program(编程)

"Program mode"可以让使用者编辑所需要的示波器操作步骤,并且可重复播放出来。

示波器操作步骤的编辑:

编辑:按下 F1 键选择"编辑"即可开始编辑示波器操作步骤。

播放:播放已经被存储的步骤。主要有以下内容:

(1) 播放次数 1~99:选择播放的次数,可选择只播放一次或是最高到 99 次的重复播放。

(2) 从/到:设定目前欲播放程式的起始点与结束点。起始点以 S 表示,显示在 Step 栏位;结束点以 E 表示,显示在 Mem 栏位。

(3) 开始:按下 F5 键开始播放目前设定的各个步骤。

按下 Autotest/Stop 可退出"Program"模式。

步骤 1~15:最多可编辑 15 组不同的步骤。

(4) 记忆设置/菜单设置/时间设置选项:每一组步骤可选用不同的设置条件。

记忆设置:选择事前已经存储在 15 组存储器内的设定作为参考标准。旋转 VARIABLE 钮可选择不同的存储位置。

菜单设置:当"Program mode"在执行时可选择不同的画面菜单。目前提供两种不同的画面菜单,一种是自动量测功能菜单,另一种是游标量测功能菜单。旋转 VARIABLE 钮可选择不同的菜单。

时间设置:选择每一步骤所需的执行时间。可设定的时间调整范围为 1~99 s。或选用按下 Autotest/Stop 键入人工操作停止时间。VARIABLE 钮可选择不同的执行时间。

（5）存储：当所有步骤设定完成后请按下 F5 存储所有的设定。

5．Cursor（光标）

（1）信号源：选择 CH1、CH2 或是数学功能为信号来源。

（2）水平：按下 F2 键可启动水平游标功能。水平游标可以任意单独移动游标或是双游标一起移动，旋转 VARIABLE 钮可移动游标的位置。

使用水平游标时所显示的信息为：T1：第一个游标所标示的时间值；T2：第二个游标所示的时间值；Δ：T1 与 T2 的时间差异；f：T1 与 T2 之间的频率差异。

（3）垂直：按下 F3 键可启动垂直游标功能，垂直游标可以任意单独移动或是双游标仪器移动。旋转 VARIABLE 钮可移动游标位置。

使用垂直游标时所显示的信息为：V1：第一个游标所标示的电压值；V2：第二个游标所标示的电压值；Δ：V1 与 V2 之间的电压差。

6．Measure（测量）

按下 F1～F5 键可选择不同的自动量测功能，如果通道 1 和通道 2 都在开启状态下，则可同时显示共 10 组量测功能。本机器可提供 15 种不同的自动量测功能。

（1）峰—峰值：计算波形最大与最小峰值之间的绝对值。

（2）振幅：对波形作 Vhi 减 Vlo 的计算。

（3）平均值：对波形作平均电压的计算。

（4）均方根值：计算波形的均方根值电压。

（5）顶端值：计算波形中平均最高点的电压值。

（6）底端值：计算波形中平均最低点的电压值。

（7）最大值：计算波形中最高点的电压值。

（8）最小值：计算波形中最低点的电压值。

（9）频率：测量波形中第一个周期的频率。

（10）周期：测量波形中第一个周期的时间。

（11）上升时间：测量波形中从第一个上升沿 10%～90%之间的时间。

（12）下降时间：测量波形中从第一个下降沿 90%～10%之间的时间。

（13）正脉冲宽度：测量第一个上升沿与下降沿在 50%位准之间的时间。

（14）负脉冲宽度：测量第一个下降沿与上升沿在 50%位准之间的时间。

（15）占空率：测量波形中第一个周期的正脉波宽所占第一个周期的百分比。

$$占空率 = (正脉冲宽/周期) \times 100\%$$

7．Save/Recall（存储/调出）

本示波器可将操作面板的所有设置存储在内部存储器中，即使关闭电源资料也不会消失。使用者可随时调出已被储存的设置，同时示波器会回复存储当时的状态。而这些被存储的设置也可被用在"Program mode"中。本示波器共提供 15 组存储设置。

按下 F1 键可以选择存储设置或是存储波形。

存储设置：本示波器提供 15 组面板存储设置。

（1）初始设置：恢复到出厂时的初始设置。

（2）M01～M15：总共 15 组存储设定位置，按下 F3 键可选择存储位置。

(3) 存储:按下此键可将目前的设置存储在指定的位置,范围为 M01~M15,共 15 组。

(4) 调出:当特定的记录位置选好后(M01~M15),按下 F5 键可使示波器恢复先前存储的设置状态。

存储波形:使用者可将 LCD 屏幕上的波形存储在示波器内部的存储器中,即使关闭电源波形资料也不会消失。这些被存储的波形可当作"Go/No Go"功能中的上下限模块。

(1) 波形:选择波形存储的功能。

(2) 信号源 CH1/CH2/MATH:按下 F2 键可选择被存储的信号来源。使用者可选 CH1、CH2 或是经过数学运算处理的 MATH 波形来当作波形存储来源。

(3) 存储波形 RefA/RefB:本示波器提供两组波形存储空间,分别为 RefA 与 RefB。按下 F3 可选择存储位置。

(4) 存储:当信号来源与存储波形的位置选择好后,按下 F4 键存储波形。

(5) 存储波形开/关:当存储波形 RefA 或 RefB 选好后,按下 F5 键至"开"可显示存储的波形。

8. Autotest/Stop(自动测试/停止)

当"Program mode"在执行时,按此键可退出该功能。

9. Hardcopy(硬拷贝)

如果印表机与本示波器连接正常的话,按下此键将会把目前 LCD 屏幕上的波形列印出来。

10. Help(帮助)

按下此按钮,可以看到相对应键的操作解释。旋转 VARIABLE 钮可看到其余内容。如果要退出线上 HELP 系统,则再按一次 HELP 键即可退出。

11. Run/Stop(运行/停止)

按下此键可停止或重新开始让示波器截取波形。当示波器重新截取波形,示波器会在下一次有效触发后才会显示所截取到的波形。在示波器右上方会有"Run"或"Stop"的状态显示。

12. Erase(清除)

当按下此键时,在 LCD 屏幕上的波形会被清除。等到下一个有效触发后再更新波形。

13. Menu(触发菜单)

按 F1 键选择触发类型,有边沿触发、视频、脉冲和延迟触发四种方式,以下分别介绍:

(1) 边沿触发

信源:可选择不同输入来源作为触发信号。其中有通道 1、通道 2、外部触发源、交流源(电源)。

触发方式:可选择四种不同的触发方式。

自动准位触发:触发准位指标会自动调整到波形最高点与最低点之间。当触发准位指标超过边界时,示波器会自动将指标重置于波形中间。

注意:外部触发源不支持此功能。

自动触发:即使没有侦测到任何触发时,示波器会自动产生触发信号。

普通触发:普通触发只有在示波器侦测到有效触发时才会更新波形,当没有触发时,示波器只会显示原来波形或是没有任何波形显示。

单次触发:当使用者选择单次触发后,第一次触发脉冲发生时会显示本次所取得的波形,然后波形停止更新,使用者必须再按一次 RUN/STOP 键,示波器才会重新采样。

斜率及耦合设置:按 F5 键可进入选择触发沿与耦合的副菜单。

(2) 视频触发

触发信源:选择 CH1 或 CH2 为触发信源。

标准:选择电视扫描为 NTSC、PAL 或 SECAM 标准。

极性:可选择视频同步脉冲的正沿触发或负沿触发。

奇数场/偶数场/扫描线:

奇数场(视频图场 1):选择奇数场的任意扫描线作为出发点。旋转 VARIABLE 钮可选择扫描线。可调范围:NTSC 标准为 1~263;PAL/SECAM 为 1~313。

偶数场(视频图场 2):选择偶数场的任意扫描线作为触发点。旋转 VARIABLE 钮可选择扫描线。可调范围:NTSC 标准为 1~263;PAL/SECAM 为 1~313。

扫描线:依据视频信号所有扫描线来触发。

(3) 脉冲触发

脉冲宽度触发可在正脉冲或负脉冲到达设定的特定宽度时被触发,脉冲的可调整宽度为 20 ns~10 s。

信号源:选择通道一或通道二作为触发信号源。

模式:选择触发的模式。

自动准位触发:触发准位指标会自动设定在波形最高点与最低点之间。当触发准位指标超过边界时,示波器会自动将指标重置于波形中间。

自动触发:即使没有侦测到任何触发时,示波器会自行产生触发信号。

普通触发:普通触发只有在示波器侦测到有效触发时才会更新波形,当没有触发时,示波器只会显示原来波形或是没有任何波形显示。

单次触发:当使用者选择单次触发后,第一次触发脉冲发生时会显示本次所取得的波形,然后波形停止更新,使用者必须再按一次 RUN/STOP 键,示波器才会重新采样。

当<:当脉冲宽度设为"小于"时,可旋转 VARIABLE 钮来设定所需要的时间,当输入脉冲宽度小于设定的时间则会被触发。设定的脉冲宽度会显示在 F4 键的位置旁。

当>:当脉冲宽度设为"大于"时,可旋转 VARIABLE 钮来设定所需要的时间,当输入脉冲宽度大于设定的时间则会被触发。设定的脉冲宽度会显示在 F4 键的位置旁。

当=:当脉冲宽度设为"等于"时,可旋转 VARIABLE 钮来设定所需要的时间,当输入脉冲宽度等于设定的时间则会被触发。设定的脉冲宽度会显示在 F4 键的位置旁。

当≠:当脉冲宽度设为"不等于"时,可旋转 VARIABLE 钮来设定所需要的时间,当输入脉冲宽度不等于设定的时间则会被触发。设定的脉冲宽度会显示在 F4 键的位置旁。

斜率:选择上升沿还是下降沿触发。

当选择上升沿触发时,如果脉冲宽度和设定的相符,将会触发在脉冲的下降沿。

当选择下降沿触发时,如果脉冲宽度和设定的相符,将会触发在脉冲的上升沿。

耦合:选择交流、直流耦合或是接地。

抑制:开启或关闭高频、低频抑制的功能。高频抑制:衰减 50kHz 以上的高频信号。低频抑制:衰减 50kHz 以下的高频信号。

噪音抑制：开启或关闭噪音抑制的功能。

前一页：回到前一页菜单。

（4）延迟触发

时间延迟触发：当外部触发发生后，在经过使用者自定的延迟时间后，示波器才会允许第二层触发信号产生（依据边沿触发的信号源的设定，且只能为 CH1 或 CH2）。旋转 VARIABLE 旋钮可改变延迟时间（调整范围：100 ns～1.3 ms）。

时间延迟触发：当外部触发发生后，示波器会以边沿触发下信号源的设定（CH1 或 CH2）为触发源。再经过使用者设定的延迟触发次数之后，示波器才会允许第二层触发信号产生。旋转 VARIABLE 旋钮可选择延迟次数（调整范围：2～65 000 次）。

TTL/ECL/USER：当主要触发选好后再按下 F4 可选择以下三种外部触发位准。

TTL：TTL 信号量测模式，起始触发信号设定在 +1.4 V。

ECL：ECL 信号量测模式，起始触发信号设定在 −1.3 V。

USER：使用者自定位准量测模式，旋转 VARIABLE 旋钮可设定起始触发信号的位准。可调范围为 −12～+12 V。

14. CH1（通道 1）

交流/直流/接地耦合：按下 F1 键可选择输入信号的交流耦合或是直流耦合或是将输入信号接地。

反相：按下 F2 键可选择波形的反相。

带宽限制：按下 F3 键可选择限制带宽的功能，带宽限制为 20 MHz。

探头：按下 F4 键可选择不同的探头类型，共有衰减频率 1 倍、10 倍或 100 倍的选择。

阻尼：本示波器输入阻尼为 1 mΩ。

15. CH2（通道 2）

同 CH1。

16. MATH（数学计算）

（1）操　作

按下 MATH 键后再按 F1 键即可选择加、减与傅里叶变换的数学功能。要关闭数学功能只要再按一次 MATH 键即可。

① CH1+CH2：通道 1 与通道 2 的波形相加。

② CH1−CH2：通道 1 与通道 2 的波形相减。

③ FFT：快速傅里叶变换可将时域信号转换成以频率为横轴的频谱信号。

垂直位置：旋转 VARIABLE 钮可调整算数波形在 LCD 屏幕上的位置。

垂直刻度：显示目前算数波形的垂直刻度。

（2）快速傅里叶变换（FFT）

① 信号源 CH1/CH2：选择通道 1 或是通道 2 作为快速傅里叶变换的输入信号源。

② 窗函数：Rectangular 窗函数适用于暂态分析；Blackman 窗函数的峰值解析度没有 Hanning 窗函数那么好，但在低位准时，Blackman 窗函数的响应线条闪动会比较小，同时对旁瓣（sidelobes）信号的排斥也比较好；Hanning 窗函数：当需要较高频率解析度时，可使用此窗函数；Flattop 窗函数：当需要较高振幅解析度时，可使用此窗函数。

（3）垂直位置：旋转 VARIABLE 钮可调整频谱信号的垂直位置。在频谱信号最左边会有一个"M"游标,此"M"游标所在位置表示游标约在0dB的位置,在这里0dB的定义是1Vrms。

(4) 垂直刻度20/10/5/2/1dB:按下F5键可选择频谱不同的垂直刻度(能量)。刻度共有20dB/Div、10dB/Div、5dB/Div、2dB/Div和1dB/Div可供选择。

17. HORI MENU(水平菜单)

主时基:按下F1键可显示水平主时基。

视窗设置:按下F2键可选择视窗区域显示,使用TIME/DIV旋钮可变换视窗区域的长度;使用调整水平位置的旋钮可变换视窗区域的位置。

视窗扩展:按下F3键将使被选择的视窗区域展开为整个液晶屏幕的宽度(只能有10格显示,12格的超大显示在此无效)。

滚动模式:按下F4键会进入滚动模式,在滚动模式中波形的显示将会由右边向左边持续更新。

XY:按下F5键会进入XY显示模式,本模式是以通道1为水平轴,通道2为垂直轴,可分析两者之间相位差异。

3.2 数字信号发生器使用说明

3.2.1 数字信号发生器基本原理概述

(1) 直接数字合成工作原理

要产生一个电压信号,传统的模拟信号源是采用电子元器件以各种不同的方式组成振荡器,其频率精度和稳定度都不高,而且工艺复杂,分辨率低,频率设置和实现计算机程控也不方便。直接数字合成技术(DDS)是最新发展起来的一种信号产生方法,它完全没有振荡器元件,而是用数字合成方法产生一连串数据流,再经过数/模转换器产生出一个预先设定的模拟信号。

例如要合成一个正弦波信号,首先应将函数$y=\sin x$进行数字量化,然后以x为地址,以y为量化数据,依次存入波形存储器。DDS使用了相位累加技术来控制波形存储器的地址,在每一个采样时钟周期中,都把一个相位增量累加到相位累加器的当前结果上,通过改变相位增量即可以改变DDS的输出频率值。根据相位累加器输出的地址,由波形存储器取出波形量化数据,经过数模转换器和运算放大器转换成模拟电压。由于波形数据是间断的取样数据,所以DDS发生器输出的是一个阶梯正弦波形,必须经过低通滤波器将波形中所含的高次谐波滤除掉,输出即为连续的正弦波。数/模转换器内部带有高精度的基准电压源,因而保证了输出波形具有很高的幅度精度和幅度稳定性。

幅度控制器是一个数/模转换器,根据操作者设定的幅度数值,产生出一个相应的模拟电压,然后与输出信号相乘,使输出信号的幅度等于操作者设定的幅度值。偏移控制器是一个数/模转换器,根据操作者设定的偏移数值,产生出一个相应的模拟电压,然后与输出信号相加,使输出信号的偏移等于操作者设定的偏移值。经过幅度偏移控制器的合成信号再经过功率放大器进行功率放大,最后由输出端口A输出。

(2) 操作控制工作原理

微处理器通过接口电路控制键盘及显示部分,当有键按下的时候,微处理器识别出被按键的编码,然后转去执行该键的命令程序。显示电路使用菜单字符将仪器的工作状态和各种参数显示出来。面板上的旋钮可以用来改变光标指示位的数字,每旋转15°角便可产生一个触发脉冲,微处理器能够判断出旋钮是左旋还是右旋,如果是左旋则使光标指示位的数字减一,如果是右旋则加一,并且连续进位或借位。

3.2.2 TFG2000G 系列信号发生器的前后面板

TFG2000G 系列信号发生器的前后面板如图 3-2-1 所示。

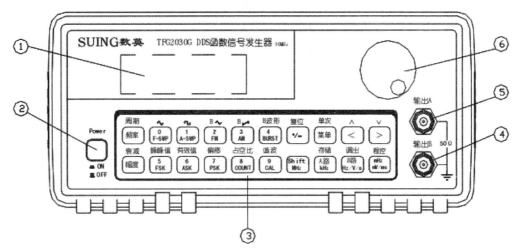

1—液晶显示屏;2—电源开关;3—键盘;4—输出B;5—输出A;6—调节旋钮

(a) 前面板

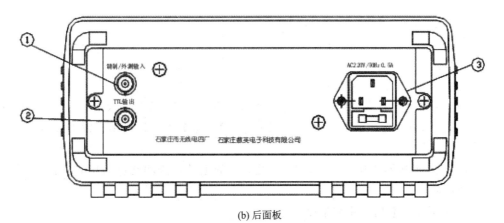

(b) 后面板

1—调制/外测输入;2—TTL输出;3—电源插座

图 3-2-1 TFG2000G 系列信号发生器的前后面板

3.2.3 屏幕显示说明

显示屏上面一行为功能和选项显示,左边两个汉字显示当前功能,在"A 路频率"和"B 路频率"时显示输出波形名称。右边四个汉字显示当前选项,在每种功能下各有不同的选项,如

表 3-2-1 和表 3-2-2 所列。表中带阴影的选项为常用选项,可使用面板上的快捷键直接选择,仪器能够自动进入该选项所在的功能。不带阴影的选项较不常用,需要首先选择相应的功能,然后使用【菜单】键循环选择。显示屏下面一行显示当前选项的参数值及调节旋钮的光标。

表 3-2-1 功能选项表 1

按键功能	A 路 正弦(A 路波形)		B 路 正弦(B 路波形)
选项	A 路频率	参数存储	B 路频率
	A 路周期	参数调出	B 路幅度
	A 路幅度	峰峰值	B 路波形
	A 路偏移	有效值	B 路谐波
	A 路衰减	步进频率	—
	A 占空比	步进幅度	—

表 3-2-2 功能选项表 2

按键功能	0+菜单扫频	1+菜单扫幅	2+菜单调频	3+菜单调幅	4+菜单触发
选项	始点频率	始点幅度	载波频率	载波频率	B 路频率
	终点频率	终点幅度	载波幅度	载波幅度	B 路幅度
	步进频率	步进幅度	调制频率	调制频率	触发计数
	扫描方式	扫描方式	调频频偏	调幅深度	触发频率
	间隔时间	间隔时间	调制波形	调制波形	单次触发
	单次扫描	单次扫描			
	A 路频率	A 路幅度			

键盘说明:仪器前面板上共有 20 个按键,键体上的黑色字表示该键的基本功能,直接按键执行基本功能。键上方的蓝色字表示该键的上档功能,首先按蓝色键【Shift】,屏幕右下方显示"S",再按某一键可执行该键的上档功能。键体上的红色字用来选择仪器的 10 种功能(见功能选项表 1 和 2),首先按一个红色字键,再按红色键【菜单】,即可以选中该键上红色字所表示的功能。

首先介绍 20 个按键的基本功能如下,有关蓝色的上档功能和红色的功能选择,将在后面相应章节中叙述。

(1)【频率】【幅度】键:频率和幅度选择键。

(2)【0】【1】【2】【3】【4】【5】【6】【7】【8】【9】键:数字输入键。

(3)【. /一】键:小数点键,在"A 路偏移"功能时可输入负号。

(4)【MHz】【kHz】【Hz】【mHz】键:双功能键,在数字输入之后执行单位键功能,同时作为数字输入的结束键。不输入数字,直接按【MHz】键执行"Shift"功能,直接按【kHz】键选择"A 路"功能,直接按【Hz】键选择"B 路"功能,直接按【mHz】键可以循环开启或关闭按键时的声响。

(5)【菜单】键:双功能键,按任一数字键后按【菜单】键,可选择该键上红色字体的功能。不输入数字,直接按【菜单】键可循环选择当前功能下的选项(功能选项表中不带阴影的选项)。

(6)【＜】【＞】键:光标左右移动键。操作方法可仔细阅读 3.2.4 使用说明中的相应部分。

(7) A 路功能:按【A 路】键,选择"A 路频率"功能。

A 路频率设定:如要设定频率值 3.5 kHz,按【频率】【3】【.】【5】【kHz】。

A 路频率调节:按【＜】或【＞】键可左右移动数据上边的三角形光标,左右转动旋钮可使指示位的数字增大或减小,并能连续进位或借位,由此可任意粗调或细调频率。其他选项数据也都可用旋钮调节,不再重述。

A 路周期设定:设定周期值 2.5 ms,按【Shift】【周期】【2】【.】【5】【ms】。

A 路幅度设定:设定幅度值为 3.2 V,按【幅度】【3】【.】【2】【V】。

A 路幅度格式选择:选择有效值或峰峰值,按【Shift】【有效值】或【Shift】【峰峰值】。

A 路波形选择:A 路选择正弦波、方波,按【Shift】【0】选择正弦波,【Shift】【1】选择方波。

A 路占空比设定:A 路选择脉冲波,占空比 65%,按【Shift】【占空比】【6】【5】【Hz】。

A 路衰减设定:选择固定衰减 0 dB(开机或复位后选择自动衰减 AUTO),按【Shift】【衰减】【0】【Hz】。

A 路偏移设定:在衰减选择 0 dB 时,设定直流偏移值－1 V,按【Shift】【偏移】【－】【1】【V】。

A 路频率步进:设定 A 路步进频率 12.5 Hz,按【菜单】键选择"步进频率",按【1】【2】【.】【5】【Hz】,再按【A 路】键选择"A 路频率",然后每按一次【Shift】【∧】键,A 路频率增加 12.5 Hz,每按一次【Shift】【∨】键,A 路频率减少 12.5 Hz。A 路幅度步进与此类同。

存储参数调出:调出 15 号存储参数,按【Shift】【调出】【1】【5】【Hz】。

A 路频率扫描:按【0】【菜单】,A 路输出频率扫描信号,使用默认参数。

扫描方式设定:设定往返扫描方式。按【菜单】键选中"扫描方式",按【2】【Hz】。

A 路幅度扫描:按【1】【菜单】,A 路输出幅度扫描信号,使用默认参数。

间隔时间设定:设定扫描步进间隔时间 0.5 s,按【菜单】键选中"间隔时间",按【0】【·】【5】【s】。

扫描幅度显示:按【菜单】键,选中"A 路幅度",幅度显示数值随扫描过程同步变化。

A 路频率调制:按【2】【菜单】,A 路输出频率调制(FM)信号,使用默认参数。

调频频偏设定:设定调频频偏 5%,按【菜单】键选中"调频频偏",按【5】【Hz】。

A 路幅度调制:按【3】【菜单】,A 路输出幅度调制(AM)信号,使用默认参数。

调幅深度设定:设定调幅深度 50%,按【菜单】键选中"调幅深度",按【5】【0】【Hz】。

A 路 FSK:按【5】【菜单】,A 路输出频移键控(FSK)信号,使用默认参数。

跳变频率设定:设定跳变频率 1 kHz,按【菜单】键选中"跳变频率",按【1】【kHz】。

A 路 ASK:按【6】【菜单】,A 路输出幅移键控(ASK)信号,使用默认参数。

载波幅度设定:设定载波幅度 2Vpp,按【菜单】键选中"载波幅度",按【2】【V】。

A 路 PSK:按【7】【菜单】,A 路输出相移键控(PSK)信号,使用默认参数。

跳变相移设定:设定跳变相移 180°,按【菜单】键选中"跳变相移",按【1】【8】【0】【Hz】。

(8) B 路功能:按【B 路】键,选择"B 路频率"功能。

B 路频率幅度设定:B 路的频率和幅度设定与 A 路相类同,只是 B 路不能进行周期设定,幅度设定只能使用峰峰值,不能使用有效值。

B 路常用波形选择:选择正弦波、方波、三角波、锯齿波,分别按【Shift】【0】,【Shift】【1】,【Shift】【2】,【Shift】【3】。

B 路其他波形选择:B 路可选择 32 种波形,按【Shift】【B 波形】,选中"B 路波形",转动旋钮可选择 32 种波形(详见表 3-2-3 B 路 32 种波形序号名称表)。

B 路谐波设定:设定 B 路频率为 A 路频率的三次谐波,按【Shift】【谐波】【3】【Hz】。

A、B 相差设定:设定 A、B 两路的相位差为 90°,按【Shift】【相差】【9】【0】【Hz】。

B 路计数触发:按【4】【菜单】,B 路输出计数触发信号,使用默认参数。

触发计数设定:设定触发计数 5 个周期,按【菜单】键选中"触发计数",按【5】【Hz】。

(9) 复位初始化:开机后或按【Shift】【复位】键后仪器的初始化状态如下:

A 路:波形:正弦波　　频率:1 kHz 幅度:1Vpp　　衰减:AUTO
　　　偏移:0 V　　　　方波占空比:50%　　　　脉冲波占空比:30%
　　　始点频率:500 Hz　终点频率:5 kHz　　　　步进频率:10 Hz
　　　始点幅度:0U_{PP}　终点幅度:1U_{PP}　　步进幅度:0.02U_{PP}
　　　扫描方式:正向　　间隔时间:10 ms　　　　载波频率:50 kHz
　　　调制频率:1 kHz　　调频频偏:5%　　　　　调幅深度:100%
　　　触发计数:3CYCL　触发频率 100 Hz　　　　跳变频率:5 kHz
　　　跳变幅度:0Vpp　　跳变相位:90°

B 路:波形:正弦波　　频率:1 kHz　幅度:1U_{PP}　A 路谐波:1.0TIME

3.2.4　使用说明

在数据输入时,只要指数相同,都使用同一个单位键。即:【MHz】键等于 10 的 6 次幂 Hz,【kHz】键等于 10 的 3 次幂 Hz,【Hz】键等于 10 的 0 次幂 Hz,【mHz】键等于 10 的 -3 次幂 Hz。

输入数据的末尾都必须用单位键作为结束,因为按键面积较小,单位"°"、"%"、"dB"等没有标注,都使用"Hz"键作为结束。随着项目选择为频率、电压和时间等,仪器会显示出相应的单位:Hz、V、ms、%、dB 等。

(1) 步进键输入:在实际应用中,往往需要使用一组几个或几十个等间隔的频率值或幅度值,如果使用数字键输入方法,就必须反复使用数字键和单位键,这是很麻烦的。为了简化操作,A 路的频率值和幅度值设置了步进功能,使用简单的步进键,就可以使频率或幅度每次增加一个步进值,或每次减少一个步进值,而且数据改变后即刻生效,不用再按单位键。

例如,要产生间隔为 12.5 kHz 的一系列频率值,按键顺序如下:按【菜单】键选中"步进频率",按【1】【2】【.】【5】【kHz】。再按【A 路】键选择"A 路频率",然后每按一次【Shift】【∧】,A 路频率增加 12.5 kHz,每按一次【Shift】【∨】,A 路频率减少 12.5 kHz。这样就会产生一系列间隔为 12.5 kHz 的递增或递减的频率值序列,操作快速而又准确。用同样的方法,可以使用步进键得到一系列等间隔的幅度值序列。步进键输入只能在"A 路频率"或"A 路幅度"时使用。

(2) 旋钮调节:在实际应用中,有时需要对信号进行连续调节,这时可以使用数字调节旋钮。在参数值数字显示的上方,有一个三角形的光标,按移位键【<】或【>】,可以使光标左移或右移,面板上的旋钮为数字调节旋钮,向右转动旋钮,可使光标指示位的数字连续加一,并能向高位进位。向左转动旋钮,可使光标指示位的数字连续减一,并能向高位借位。使用旋钮输入数据时,数字改变后即刻生效,不用再按单位键。光标指示位向左移动,可以对数据进行粗调,向右移动则可以进行细调。

(3) 输入方式选择:对于已知的数据,使用数字键输入最为方便,而且不管数据变化多大都能一次到位,没有中间过渡性数据产生,这在一些应用中是非常必要的。对于已经输入的数据进行局部修改,或者需要输入连续变化的数据进行观测时,使用调节旋钮最为方便,对于一系列等间隔数据的输入则使用步进键最为方便。操作者可以根据不同的应用要求灵活选择。

(4) A 路频率设定:按【A 路】键可以选择"A 路频率"功能,屏幕上方左边显示出 A 路信号波形名称。按【频率】键,显示出当前频率值。可用数字键或调节旋钮输入频率值,在"输出 A"端口即有该频率的信号输出。

A 路频率设定有两种方式:第一种为常用方式,如果数据输入后按【MHz】【kHz】和【Hz】键作为结束,则频率值显示以"Hz"为单位,频率分辨率为 40 mHz,通常情况下都使用这种方式。第二种为超低频方式,如果数据输入后按【mHz】键作为结束,则频率值显示以"mHz"为单位,频率分辨率为 40 μHz,在超低频应用场合可以使用这种方式。第二种方式只在 A 路频率功能时有效,其他功能只能使用第一种常用方式。

(5) A 路周期设定:A 路信号也可以用周期值的形式进行显示和输入,按【Shift】【周期】键,显示出当前周期值,可用数字键或调节旋钮输入周期值。但是仪器内部仍然是使用频率合成方式,只是在数据的输入和显示时进行了换算。由于受频率分辨率(40 mHz)的限制,在周期较长时,只能输出一些周期间隔较大的频率点,虽然设定和显示的周期值很精确,但是实际输出信号的周期值可能有较大差异,这一点在使用中应该心中有数。

(6) A 路幅度设定:按【幅度】键,选中"A 路幅度",显示出当前幅度值,可用数字键或调节旋钮输入幅度值,"输出 A"端口即有该幅度的信号输出。

(7) 幅度值的格式:A 路幅度值的输入和显示有两种格式:按【Shift】【峰峰值】选择峰峰值格式 Vpp,按【Shift】【有效值】选择有效值格式 Vrms。随着幅度值格式的转换,幅度的显示值也相应地发生变化。

虽然幅度数值有两种格式,但是在仪器内部都是以峰峰值方式工作的,只是在数据的输入和显示时进行了换算。由于受幅度分辨率的限制,用两种格式输入的幅度值,在相互转换之后可能会有些差异。例如在正弦波时输入峰峰值 1 Vpp,转换为有效值是 0.353 Vrms,而输入有效值 0.353 Vrms,转换为峰峰值却是 0.998 Vpp,不过这种转换差异一般是在误差范围之内的。如果波形选择为方波,则转换系数为 2。幅度有效值只能在"A 路频率"功能时,并且波形选择为正弦波或方波时使用,在其他功能或其他波形时只能使用幅度峰峰值。

(8) 幅度衰减器:按【Shift】【衰减】可以选择 A 路幅度衰减方式,开机或复位后为自动方式"AUTO",仪器根据幅度设定值的大小,自动选择合适的衰减比例。在输出幅度为 2 V、0.2 V 和 0.02 V 时进行衰减切换,这时不管信号幅度大小都可以得到较高的幅度分辨率和信噪比,波形失真也较小。但是在衰减切换时,输出信号会有瞬间的跳变,这种情况在有些应用场合可能是不允许的。因此仪器设置有固定衰减方式。按【Shift】【衰减】后,可用数字键输入衰减值,输入数据<20 时为 0 dB,≥20 时为 20 dB,≥40 时为 40 dB,≥60 时为 60 dB,≥80 时为 Auto。也可以使用旋钮调节,旋钮每转一步衰减变化一档。如果选择了固定衰减方式,在信号幅度变化时衰减档固定不变,可以使输出信号在全部幅度范围内变化都是连续的,但在

0dB 衰减档时如果信号幅度较小,则波形失真较大,信噪比可能较差。

(9) 输出负载:幅度设定值是在输出端开路时校准的,输出负载上的实际电压值为幅度设定值乘以负载阻抗与输出阻抗的分压比,仪器的输出阻抗约为 50 Ω,当负载阻抗足够大时,分压比接近于 1,输出阻抗上的电压损失可以忽略不计,输出负载上的实际电压值接近于幅度设定值。但当负载阻抗较小时,输出阻抗上的电压损失已不可忽略,负载上的实际电压值与幅度设定值是不相符的,这点应予注意。

A 路输出具有过压保护和过流保护,输出端短路几分钟或瞬间反灌电压小于 30 V 时一般不会损坏,但应尽量防止这种情况的发生,以免对仪器造成潜在的损害。

(10) 幅度平坦度:如果输出频率小于 1 MHz,输出信号的幅频特性是很平坦的。如果输出频率大于 10 MHz,输出幅度和负载的匹配特性会使幅频特性平坦度变差,最大输出幅度也受到限制,一般来说,如果输出频率大于 15 MHz,最大输出幅度只能到 15Vpp。如果输出频率大于 20 MHz,最大输出幅度只能到 8Vpp。输出幅度越大,波形失真也越大。

(11) A 路偏移设定:在有些应用中,需要使输出的交流信号中含有一定的直流分量,使信号产生直流偏移。按【Shift】【偏移】键选中"A 路偏移",显示出当前偏移值。可用数字键或调节旋钮输入偏移值,A 路输出便会产生设定的直流偏移。

应该注意的是,信号输出幅度值的一半与偏移绝对值之和应小于 10 V,保证使偏移后的信号峰值不超过±10 V,否则会产生限幅失真。另外,在 A 路衰减选择为自动时,输出偏移值也会随着幅度值的衰减而一同衰减。当幅度 Vpp 值大于 2 V 时,实际输出偏移值等于偏移设定值。当幅度 Vpp 值大于 0.2 V 而小于 2 V 时,实际输出偏移值为偏移设定值的十分之一。当幅度 Vpp 值小于 0.2 V 时,实际输出偏移值等于偏移设定值的百分之一。

对输出信号进行直流偏移调整时,使用调节旋钮要比使用数字键方便得多。按照一般习惯,不管当前直流偏移是正值还是负值,向右转动旋钮直流电平上升,向左转动旋钮直流电平下降,经过零点时,偏移值的正负号能够自动变化。

(12) 直流电压输出:如果"A 路衰减"选择为固定 0 dB,输出偏移值即等于偏移设定值,与幅度大小无关。如果将幅度设定为 0 V,那么偏移值可在±10 V 范围内任意设定,仪器就变成一台直流电压信号源,可以输出设定的直流电压信号。

(13) A 路波形选择:A 路具有 3 种波形,可以使用面板上的快捷键选择,A 路输出端口即可以输出所选择的波形。按【Shift】【0】选择正弦波。按【Shift】【1】选择方波,方波占空比固定为 50%。按【Shift】【占空比】选择脉冲波。

(14) A 路占空比设定:按【Shift】【占空比】,A 路自动选择为脉冲波,并显示出脉冲波占空比,可用数字键或调节旋钮输入占空比数值,输出即为设定占空比的脉冲波。占空比范围为 0.01%~99.99%,由此可以设定出非常精确的脉冲宽度。

(15) 参数存储调出:在有些应用中,需要多次重复使用一些不同的参数组合,例如不同的频率、幅度、偏移、波形等,频繁设置这些参数显然非常麻烦,这时使用信号的存储和调出功能就非常方便。首先将第一组各项参数设置完毕,按【Shift】【存储】键,选中"参数存储",按【1】【Hz】,第一组参数就被存储起来,然后再依次存储可以多达 40 组的参数组合。参数的存储使用了非易失性存储器,关断电源也不会丢失。此后在需要的时候,只要按【Shift】【调出】键,选中"参数调出",输入调出号码,按【Hz】键,即可以调出所指定号码的存储参数。如果把经常使用的参数组合存储起来,就会使多次重复性的测试变得非常方便。选中"参数调出",按【0】

【Hz】键,可以调出仪器的默认参数值。与按【Shift】【复位】键效果相同。

(16) 频率幅度步进:在"A 路频率"功能时,可以使用频率或幅度步进的方法,产生出一组等间隔的频率值或幅度值,使用起来非常方便。步进输入方法只能在"A 路频率"或"A 路幅度"时使用。

(17) B 路频率:按【B 路】键,选择"B 路频率"功能,屏幕左上方显示出 B 路信号的波形名称或序号。

(18) B 路波形选择:B 路具有 32 种波形,按【Shift】【B 波形】选中"B 路波形"选项,屏幕下方显示出当前输出波形的序号和波形名称。可用数字键输入波形序号,再按【Hz】键,即可以选择所需要的波形,也可以使用旋钮改变波形序号,同样也很方便。对于四种常用波形,可以使用面板上的快捷键选择。按【Shift】【0】选择正弦波,按【Shift】【1】选择方波,按【Shift】【2】选择三角波,按【Shift】【3】选择锯齿波。波形选择以后,"输出 B"端口即可以输出所选择的波形。对于四种常用波形,屏幕左上方显示出波形的名称,对于其他 28 种不常用的波形,屏幕左上方显示为"任意"。32 种波形的序号和名称如表 3-2-3 所列。

表 3-2-3 B 路 32 种波形序号名称表

序号	波形	名称	序号	波形	名称
00	正弦波	Sine	16	指数函数	Exponent
01	方波	Square	17	对数函数	Logarithm
02	三角波	Triang	18	半圆函数	Half round
03	升锯齿波	Up ramp	19	正切函数	Tangent
04	降锯齿波	Down ramp	20	Sinc 函数	Sin(x)/x
05	正脉冲	Pos-pulse	21	随机噪声	Noise
06	负脉冲	Neg-pulse	22	10%脉冲波	Duty10%
07	三阶脉冲	Tri-pulse	23	90%脉冲波	Duty90%
08	升阶梯波	Upstair	24	降阶梯波	Down stair
09	正直流	Pos-DC	25	正双脉冲	Po-bipulse
10	负直流	Neg-DC	26	负双脉冲	Ne-bipulse
11	正弦全波整流	All sine	27	梯形波	Trapezia
12	正弦半波整流	Half sine	28	余弦波	Cosine
13	限幅正弦波	Limit sine	29	双向可控硅	Bidir-SCR
14	门控正弦波	Gate sine	30	心电波	Cardiogram
15	平方根函数	Squar-root	31	地震波	Earthquake

(19) B 路频率设定:按【频率】键,选中"B 路频率",显示出当前频率值。可用数字键或调节旋钮输入频率值,在"输出 B"端口即有该频率的信号输出。B 路频率值显示以"Hz"为单位,频率分辨率为 10 mHz,没有超低频方式,B 路频率也不能使用周期值设定和显示。

(20) B 路幅度设定:按【幅度】键,选中"B 路幅度",显示出当前幅度值,可用数字键或调节旋钮输入幅度值,"输出 B"端口即有该幅度的信号输出。B 路幅度只能使用峰峰值,不能使用有效值,没有幅度衰减和直流偏移。

(21) B 路谐波设定:B 路频率能够以 A 路频率倍数的方式设定和显示,也就是使 B 路信号作为 A 路信号的 N 次谐波。按【Shift】【谐波】键,选中"B 路谐波",可用数字键或调节旋钮输入谐波次数值,B 路频率即变为 A 路频率的设定倍数,也就是 B 路信号成为 A 路信号的 N 次谐波,这时 AB 两路信号的相位可以达到稳定的同步。按【Shift】【相差】键,选中"A、B 相差",可用数字键或调节旋钮输入相差值,即可以设置 A、B 两路信号的相位差。相差设置在 A 路频率为 10 Hz～100 kHz 范围内有效。如果实际输出相位差和设置值有差异,可用【∧】【∨】键进行校准。把两路信号连接到示波器上,使用相差设置改变 A、B 两路信号的相位差,可以做出各种稳定的李沙育图形。

如果不选中"B 路谐波",则 A、B 两路信号没有谐波关系,即使将 B 路频率设定为 A 路频率的整倍数,A、B 两路信号也不一定能够达到稳定的相位同步。所以,要保持 A、B 两路信号稳定的相位同步,可以先设置好 A 路频率,再选中"B 路谐波",设置谐波次数,则 B 路频率能够自动改变,不能再使用 B 路频率设定。

(22) 频率扫描:按【0】【菜单】键,选中"频率扫描"功能,屏幕上方左边显示出"扫频","输出 A"端口即可输出频率扫描信号。输出频率的扫描采用步进方式,每隔一定的时间,输出频率自动增加或减少一个步进值。扫描始点频率、终点频率、步进频率和每步间隔时间都可由操作者来设定。

(23) 始点终点设定:频率扫描起始点为始点频率,终止点为终点频率。按【菜单】键,选中"始点频率",显示出始点频率值,可用数字键或调节旋钮设定始点频率值,按【菜单】键选中"终点频率",显示出终点频率值,可用数字键或调节旋钮设定终点频率值,但需注意终点频率值必须大于始点频率值,否则扫描不能进行。

(24) 步进频率设定:扫描始点频率和终点频率设定之后,步进频率的大小应根据测量的粗细程度而定。步进频率越大,一个扫描过程中出现的频率点数越少,测量越粗糙,但一个扫描过程所需要的时间也越短。步进频率越小,一个扫描过程中出现的频率点数越多,测量越精细,但一个扫描过程所需要的时间也越长。按【菜单】键,选中"步进频率",显示出步进频率值,可用数字键或调节旋钮设定步进频率值。

(25) 间隔时间设定:在扫描始点频率、终点频率和步进频率设定之后,每个频率步进的间隔时间可以根据扫描速度的要求来设定。间隔时间越小,扫描速度越快。间隔时间越大,扫描速度越慢。但是实际间隔时间为设定间隔时间加上控制软件的运行时间,当间隔时间较小时,软件的运行时间将不可忽略,实际间隔时间和设定的间隔时间可能相差较大。按【菜单】键,选中"间隔时间",显示出间隔时间值,可用数字键或调节旋钮设定间隔时间值。

(26) 扫描方式选择:频率扫描有三种方式,以 0、1、2 三个序号表示。

正向扫描(0_UP):输出信号的频率从始点频率开始,以步进频率逐步增加,到达终点频率后,立即返回始点频率重新开始扫描过程。

反向扫描(1_DOWN):输出信号的频率从终点频率开始,以步进频率逐步减少,到达始点频率后,立即返回终点频率重新开始扫描过程。往返扫描(2_UP-DOWN):输出信号以步进频率逐步增加,到达终点频率后,改变为以步进频率逐步减少,到达始点频率后,又改变为以步进频率逐步增加,就这样在始点频率和终点频率之间循环往返扫描过程。

按【菜单】键,选中"扫描方式",显示出扫描方式序号和名称,可用数字键或调节旋钮设定扫描方式。

(27) 单次扫描：功能选择为"A路扫频"之后，频率扫描过程即开始进行。在扫描过程中，可以随时更改扫描参数和扫描方式，更改后扫描过程会立即随之改变。按【菜单】键，选中"单次扫描"，扫描过程即刻停止，输出信号便保持在停止时的状态不再改变，并显示出当前A路频率值。扫描过程停止以后，每按一次【Shift】【单次】键，扫描过程运行一步，根据扫描方式的设定，A路频率会增加或减少一个步进频率值，这样可以逐点观察扫描过程的细节变化情况。如果不选中"单次扫描"，则扫描过程便恢复自动连续运行。

(28) 扫描监视：如果需要动态监视扫描过程的运行状况，可以按【菜单】键，选中"A路频率"，A路频率值会随着扫描过程的进行同步变化。但是由于显示过程需要占用一定时间，所以扫描速度会有些变慢。如果不需要监视扫描过程的进行，则可以不选中"A路频率"，扫描速度便恢复正常。

(29) 幅度扫描：按【1】【菜单】键，选中"幅度扫描"功能，屏幕上方左边显示出"扫幅"，"输出A"端口即可输出幅度扫描信号。各项扫描参数的定义和设定方法、扫描方式、单次扫描和扫描监视，均与"A路扫频"相类同。为了保持输出信号幅度的连续变化，在幅度扫描过程中，A路使用固定衰减方式0 dB，这样可以避免在自动衰减方式中继电器的频繁切换。

(30) 频率调制：按【2】【菜单】键，选中"频率调制"功能，屏幕上方左边显示出"调频"，"输出A"端口即有调频信号输出。

(31) 载波频率设定：按【菜单】键，选中"载波频率"，显示出载波频率值，可用数字键或调节旋钮输入载波频率值。频率调制时，A路信号作为载波信号，载波频率实际上就是A路频率，但是在调频功能时，DDS合成器的时钟信号由固定的时钟基准切换为可控的时钟基准，载波频率的频率准确度和稳定度可能有所降低，载波频率的最大值只能达到10 MHz。

(32) 调制频率设定：按【菜单】键，选中"调制频率"，显示出调制频率值，可用数字键或调节旋钮输入调制频率值。频率调制时，B路信号作为调制信号，调制频率实际上就是B路频率，一般来说载波频率应该比调制频率高10倍以上。

(33) 调频频偏设定：按【菜单】键，选中"调频频偏"，显示出调频频偏值，可用数字键或调节旋钮输入调频频偏值。调频频偏值表示在调频过程中载波信号频率的变化量，由式 DEVI%＝100×SHIFT/PERD 表示。其中，DEVI 为调频频偏值，SHIFT 为载波信号周期在调频时的最大变化量单峰值，PERD 为载波信号周期在调频频偏为0时的周期值。

在调频功能演示中，为了对载波频率的变化观察清楚，调频频偏值可以设定得较大，在实际应用中，为了限制载波信号所占用的频带宽度，调频频偏一般小于5%。

(34) 调制波形设定：因为B路信号作为调制信号，所以调制波形实际上就是B路波形。按【菜单】键，选中"调制波形"，显示出B路波形序号和名称，可用数字键或调节旋钮输入B路波形序号，即可设定调制信号的波形。

(35) 外部频率调制：频率调制可以使用外部调制信号，仪器后面板上有一个"调制输入"端口，可以引入外部调制信号。外部调制信号的频率应该和载波信号的频率相适应，外部调制信号的幅度应根据调频频偏的要求来调整，外部调制信号的幅度越大，调频频偏就越大。使用外部调制时，应该将"调频频偏"设定为0，关闭内部调制信号，否则会影响外部调制的正常运行。同样，如果使用内部调制，应该设定"调频频偏"值，并且应该将后面板上的外部调制信号去掉，否则会影响内部调制的正常运行。

(36) 幅度调制：按【3】【菜单】键，选中"幅度调制"功能，屏幕上方左边显示出"调幅"，"输出 A"端口即有调幅信号输出。各项调制参数的定义和设定方法，均与"频率调制"相类同。

(37) 调幅深度设定：按【菜单】键，选中"调幅深度"，显示出调幅深度值，可用数字键或调节旋钮输入调幅深度值。在调幅过程中，载波信号的幅度值是随着调制信号作周期性变化的，调幅深度表示载波信号幅度的变化量。例如 100% 的调幅深度表示调制载波的最大幅度为设定值的 100%，最小幅度为设定值的 0%，即 100%－0%＝100%。0% 的调幅深度表示调制载波的最大和最小幅度都为设定值的 50%，即 50%－50%＝0%。同样 120% 的调幅深度为 110%－(－10%)＝120%。调幅深度还有另外一种表达方式：如果调制载波的最大幅度峰峰值为 A，最小幅度峰峰值为 B，则调幅深度 DEPTH 可表示为

$$DEPTH\% = 100 \times (A-B)/(A+B)$$

这两种表达方式实质上是一致的，不过第二种表达方式更简单容易理解。

在调幅功能演示中，为了对幅度的变化观察清楚，调幅深度值可以设定得较大，甚至可以超过 100%，但在实际应用中为了使调制信号不失真传输，调幅深度值一般都在 50% 以下。这种形式的调制载波叫作双边带载波，是大多数中波无线电台使用的调制方式。

(38) 外部幅度调制：幅度调制可以使用外部调制信号，仪器后面板上有一个"调制输入"端口，可以引入外部调制信号。外部调制信号的频率应该和载波信号的频率相适应，外部调制信号的幅度应根据调幅深度的要求来调整，外部调制信号的幅度越大，调幅深度就越大。使用外部调制时，应该将"调幅深度"设定为 0，关闭内部调制信号，否则会影响外部调制的正常运行。同样，如果使用内部调制，应该设定"调幅深度"值，并且应该将后面板上的外部调制信号去掉，否则会影响内部调制的正常运行。

(39) 触发输出：按【4】【菜单】键，选中"B 路触发"功能，屏幕上方左边显示出"触发"，"输出 B"端口即有触发信号输出。输出信号按照触发频率输出一组一组的脉冲串波形，每一组都有设定的周期个数。各组脉冲串之间有一定的间隔时间。

(40) B 路频率设定：B 路信号是被触发输出的信号，首先应该设置好 B 路信号的频率和幅度，"B 路频率"和"B 路幅度"的设定，在前面(19)、(20)条中已有详细说明。

(41) 触发计数设定：按【菜单】键，选中"触发计数"，显示出触发计数值，可用数字键或调节旋钮设定触发计数值。如果触发频率值是规定好不能改变的，则触发计数设定最大值是要受到限制的，触发频率值越小，也就是触发周期越长，触发计数值可以设定得越大。反之，触发计数值就应该越小。如果触发频率值是没有规定的，就可以先设定好触发计数值，再调整触发频率值，使各组脉冲串之间有合适的间隔时间。

(42) 触发频率设定：按【菜单】键，选中"触发频率"，显示出触发频率值，可用数字键或调节旋钮设定触发频率值。触发频率值可以根据 B 路频率值和触发计数值的大小来设定，计算出 B 路信号的周期值与触发计数值的乘积，也就是一组脉冲串所占用的时间，触发周期值（"触发频率"的倒数）应该大于这个时间，以便使各组脉冲串之间有合适的间隔。否则各组脉冲串彼此连接在一起，也就不称其为触发信号。

(43) 触发起始相位：每一组触发信号波形的起始相位是可以调整的，按【Shift】【∧】键，可以作相位粗调。按【Shift】【∨】键，可以作相位细调。

(44) 单次触发设定：按【菜单】键，选中"单次触发"，连续触发过程即刻停止，输出信号为 0。然后每按一次【Shift】【单次】键，触发过程运行一次，根据触发计数的设定，输出一组设定

数目的脉冲串波形。如果触发计数值设定为1,则可以手动输出单脉冲。如果不选中"单次触发",则触发过程便恢复连续运行。触发计数功能可以用来试验音响设备的动态特性,还可以用来校准计数器。

(45) **频移键控 FSK**:在数字通信或遥控遥测系统中,对数字信号的传输通常采用频移键控 FSK 或相移键控 PSK 的方式,对载波信号的频率或相位进行编码调制,在接收端经过解调器再还原成原来的数字信号。按【5】【菜单】键,选中"FSK"功能,屏幕上方左边显示出"FSK","输出 A"端口即有频移键控 FSK 信号输出。输出信号的频率为载波频率和跳变频率的交替变化,两个频率交替的间隔时间也可以设定。

(46) **载波频率设定**:按【菜单】键,选中"载波频率",显示出载波频率值,可用数字键或调节旋钮输入载波频率值。频移键控时,A 路信号作为载波信号,载波频率是 A 路信号的第一个频率值。

(47) **跳变频率设定**:按【菜单】键,选中"跳变频率",显示出跳变频率值,可用数字键或调节旋钮输入跳变频率值。跳变频率是 A 路信号的第二个频率值。

(48) **幅移键控 ASK**:按【6】【菜单】键,选中"ASK"功能,屏幕上方左边显示出"ASK","输出 A"端口即有幅移键控 ASK 信号输出。输出信号的幅度为载波幅度和跳变幅度的交替变化,两个幅度交替的间隔时间也可以设定。

(49) **载波幅度设定**:按【菜单】键,选中"载波幅度",显示出载波幅度值,可用数字键或调节旋钮输入载波幅度值。幅移键控时,A 路信号作为载波信号,载波幅度是 A 路信号的第一个幅度值。

(50) **跳变幅度设定**:按【菜单】键,选中"跳变幅度",显示出跳变幅度值,可用数字键或调节旋钮输入跳变幅度值。跳变幅度是 A 路信号的第二个幅度值。载波幅度和跳变幅度可能相差很大,在幅移键控 ASK 过程中 A 路使用固定衰减方式 0 dB,这样可以避免在自动衰减方式中继电器的频繁切换。

(51) **相移键控 PSK**: 按【7】【菜单】键,选中"PSK"功能,屏幕上方左边显示出"PSK","输出 A"端口即有相移键控 PSK 信号输出。输出信号的相位为基准相位和跳变相位的交替变化,两个相位交替的间隔时间也可以设定。

(52) **跳变相位设定**:按【菜单】键,选中"跳变相位",显示出跳变相位值,可用数字键或调节旋钮输入跳变相位值。跳变相位值的分辨率为 11.25°,如果用数字键输入任意值,则仪器实际采用的是接近于输入值的 11.25°的整倍数值。

(53) **相移键控观测**:由于相移键控信号不断地改变相位,在示波器上不容易同步,不能观测到稳定的波形。如果把 B 路频率和相移键控时的载波频率设定为相同的值,使用双踪示波器,用 B 路信号作为同步触发信号,则可以观测到稳定的相移键控信号波形。

(54) **外部频率测量**:按【8】【菜单】键,选中"外测频率",将被测信号从后面板"外测输入"端口接入,即可以显示出所测量的外部信号的频率值。被测信号可以是任意波形的周期性信号,信号幅度峰峰值应大于 100 mV,小于 20 V。

(55) **闸门时间设定**:按【菜单】键,选中"闸门时间",显示出闸门时间值,可用数字键或调节旋钮输入闸门时间值。在频率测量中,被测信号必须是连续的,但是测量过程是间歇的,以设定的闸门时间为周期,对被测信号进行采样,计算测量结果,并对显示进行刷新。仪器采用多周期平均测量方式,闸门时间越长,对被测信号采集的周期数越多,测量结果的数字有效位数就越多,但对频率变化的跟踪越慢,适用于测量频率的长时间稳定度。闸门时间越短,测量结果的数字有效位数就越少,但是对频率变化的跟踪越快,适用于测量频率的短时间稳定度。

(56) 低通滤波器:在对外部信号进行测量时,如果被测信号频率较低,并且信号中含有高频噪声,则由于噪声引起的触发误差的影响,测量结果会有较大的误差,并且测量的数据不稳定。按【菜单】键,选中"低通滤波",可用数字键或调节旋钮使显示变为"0_ON",加入 10 kHz 低通滤波器,滤除信号中含有的高频噪声,对低频信号的影响不大,测量结果会比较准确。如果被测信号频率较高,低通滤波器会对输入信号造成幅度衰减,使测量灵敏度下降,甚至得不到正确的测量结果。此时应该用数字键或调节旋钮使显示变为"1_OFF",去掉 10 kHz 低通滤波器。

3.3 数字交流毫伏表的使用

本实验室使用的交流毫伏表是 SM1020/1030 型全自动数字交流毫伏表,这里对其使用说明进行简单介绍。

SM1020/1030 型全自动数字交流毫伏表的操作面板如图 3-3-1 所示。

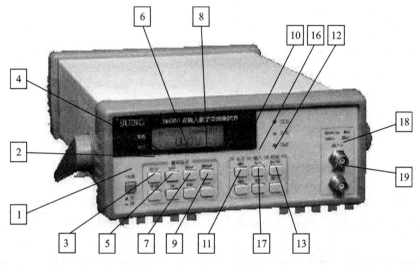

图 3-3-1　SM1020/1030 型全自动数字交流毫伏表的操作面板

3.3.1 按键和插座

(1) 电源开关:开机时显示厂标和型号后,进入初始状态:输入 A,手动改变量程,量程 300 V,显示电压和 dBV 值。

(2) 自动键:切换到自动选择量程。在自动位置,输入信号小于当前量程的 1/10,自动减小量程;输入信号大于当前量程的 4/3 倍,自动加大量程。

(3) 手动键:无论当前状态如何,按下手动键都切换到手动选择量程,并恢复到初始状态。在手动位置,应根据"过压"和"欠压"指示灯的提示,改变量程。过压灯亮,增大量程;欠压灯亮,减小量程。

(4)~(9) 3 mV 键~300 V 键:量程切换键,用于手动选择量程。

(10) dBV 键:切换到显示 dBV 值。

(11) dBm 键:切换到显示 dBm 值。

(12) ON/OFF 键:进入程控,退出程控。

(13) 确认键:确认地址。

(14) ＋键:设定程控地址,起地址加作用。

(15) －键:设定程控地址,起地址减作用。

(16) A/＋键:切换到输入 A,显示屏和指示灯都显示输入 A 的信息。量程选择键和电平选择键对输入 A 起作用。设定程控地址时,起地址加作用。

(17) B/－键:切换到输入 B,显示屏和指示灯都显示输入 B 的信息。量程选择键和电平选择键对输入 B 起作用。设定程控地址时,起地址减作用。

(18) 输入 A:A 输入端。

(19) 输入 B:B 输入端。

3.3.2 指示灯

自动指示灯:用自动键切换到自动选择量程时,该指示灯亮。

过压指示灯:输入电压超过当前量程的 4/3 倍,过压指示灯亮。

欠压指示灯:输入电压小于当前量程的 1/10,欠压指示灯亮。

3.3.3 液晶显示屏

(1) 开机时显示厂标和型号。

(2) 现实工作状态和测量结果

① 设定和检索地址时,显示本机接口地址。

② 显示当前量程和输入通道。

③ 用四位有效数字、小数点和单位显示输入电压。分辨率为 0.001 mV～0.1 V。过压时,显示值变为***mV/V。

④ 用正负号、三位有效数字、小数点和单位显示输入电平(dBV 或 dBm)。分辨率为 0.1 dBV/dBm。过压时,显示值变为****dBV/dBm。

3.3.4 开 机

按下面板上的电源按钮,电源接通。仪器进入初始状态。

(1) 预热 30 分钟

(2) 输入信号

SM1020 只有一个输入端。

SM1030 有两个输入端,由输入 A 或输入 B 输入被测信号,也可由输入 A 和输入 B 同时输入两个被测信号。两输入端的量程选择方法、量程大小和电平单位,都可分别设置,互不影响;但两输入端的工作状态和测量结果不能同时显示。可用输入选择键切换到需要设置和显示的输入端。

(3) 手动测量

可从初始状态(手动,量程 300 V)输入被测信号,然后一定要根据"过压"和"欠压"指示灯的提示手动改变量程。过压指示灯亮,说明信号电压太大,应加大量程;欠压指示灯亮,说明输入电压太小,应减小量程。

(4) 自动量程的使用

可以选择自动量程。在自动位置,仪器可根据信号的大小自动选择合适的量程。若过压指示灯亮,显示屏显示****V,说明信号已到 400 V,超出了本仪器的测量范围。若欠压指示灯亮,显示屏显示 0,说明信号太小,也超出了本仪器的测量范围。

(5) 电平单位的选择

根据需要选择显示 dBV 或 dBm。dBV 和 dBm 不能同时显示。

3.4 电工实验装置结构简介

本实验装置可以满足多门课程的实验要求。实现了强弱电分离,全方位保护人身安全;配置了智能化仪表及数据采集器和计算机;有数字化的信号源和示波器。本节将介绍实验装置的基本原理及使用方法。

3.4.1 基本原理及使用

1. 交流电源的启动

(1) 实验屏的左后侧有一根接有三相四芯插头的电源线,先在电源线下方的接线柱上接好机壳的接地线,然后将三相四芯插头接通三相四芯 380 V 交流电。这时,屏左侧的三相四芯插座即可输出三相 380 V 交流电。必要时此插座上可插另一实验装置的电源线插头。但请注意,连同本装置在内,串接的实验装置不能多于三台。

(2) 将实验屏左侧面的三相自耦调压器的手柄调至零位,即逆时针旋到底。

(3) 将"电压指示切换"开关置于"三相电网输入"侧。

(4) 开启钥匙式电源总开关,停止按钮灯亮(红色),三只电压表(0~450 V)指示出输入三相电源线电压之值,此时,实验屏左侧面的单相二芯 220 V 电源插座和右侧面的单相三芯 220 V 处均有相应的交流电压输出。

(5) 按下启动按钮(绿色),红色按钮灯灭,绿色按钮灯亮,同时可听到屏内交流接触器的瞬间吸合声,面板上与 U1、V1 和 W1 相对应的黄、绿、红三个 LED 指示灯亮。至此,实验屏启动完毕。

2. 三相可调交流电源输出电压的调节

(1) 将三相"电源指示切换"开关置于右侧(三相调压输出),三只电压表指针回到零位。

(2) 按顺时针方向缓缓旋转三相自耦调压器的旋转手柄,三只电压表将随之偏转,即指示出屏上三相可调电压输出端 U、V、W 两两之间的线电压之值,直至调节到某实验内容所需的电压值。实验完毕,将旋柄调回零位。并将"电压指示切换"开关拨至左侧。

3. 用于照明和实验日光灯的使用

本实验屏上有两个 30W 日光灯管,分别供照明和实验使用。照明用的日光灯管通过三刀手动开关进行切换,当开关拨至上方时,照明用的日光灯管亮;当开关拨至下方时,照明灯管灭。日光灯管的四个引脚已独立引至屏上,以供日光灯实验用。

4. 定时兼报警记录仪

定时器与报警记录仪是专门为教师对学生的实验考核而设置,可以调整考核时间。到达设定时间,可自动断开电源。

操作方法：

(1) 开机即显示当前时钟。

【设置】键：当按【设置】键时，时钟不走动，表示可以输入定时时间。

(2)【定时】键：可查询当前定时时间。

(3)【故障】键：可查询当前故障（以后升级有此功能）。

定时时间查询：

按【功能】键，使右 1 位显示 4，再按【确认】键，显示器即显示设定的结束（报警）时间。

告警次数记录查询：

按【功能】键，使右 1 位显示 5，再按【确认】键，显示器的右 3～右 1 位将显示已出现故障告警的次数。

时钟显示：

按【功能】键，使右 1 位显示 7，再按【确认】键，显示器的六位数码管将显示当前的时间（时、分、秒）。

(4) 运行提示

① 当计时时间到达所设定的结束（报警）时间后，机内蜂鸣器会鸣叫 1 分钟。再过 4 分钟，机内接触器跳闸。如果按本表的"复位"键，再按本装置的启动按钮，则重复鸣叫 1 分钟，再过 4 分钟跳闸的过程。

② 跳闸后，有两种方法可使本表恢复到初始状态：一是按【复位】键，并在 5 分钟内重新输入密码，设置新的开始和结束时间。二是切断本装置的总电源，10 秒钟后重新启动。

5. 低压直流稳压、恒流源输出与调节

开启直流稳压电源带灯开关，两路输出插孔均有电压输出。

(1) 将【电压指示切换】按键弹起，数字式电压表指示第一路输出的电压值；将此按键按下，则电压表指示第二路输出的电压值。

(2) 调节【输出调节】多圈电位器旋钮可平滑地调节输出电压值。调节范围为 0～30 V（切换波段开关），额定电流为 1 A。

(3) 两路稳压源既可单独使用，也可组合构成 0～±30 V 或 0～±60 V 电源。

(4) 两路输出均设有软截止保护功能，但应尽量避免输出短路。

(5) 恒流源的输出与调节

将负载接至"恒流输出"两端，开启恒流源开关，数字式毫安表即指示输出电流之值。调节"输出粗调"波段开关和"输出细调"多圈电位器旋钮，可在三个量程段（满度为 2 mA、20 mA 和 200 mA）连续调节输出的恒流电流值。

(6) 本恒流源虽有开路保护功能，但不应长期处于输出开路状态。

操作注意事项：当输出口接有负载时，如果需要将"输出粗调"波段开关从低档向高档切换，则应将输出"细调旋钮"调至最低（逆时针旋到头），再拨动"输出粗调"开关。否则会使输出电压或电流突增，可能导致负载器件损坏。

① 三相四线制电源输入，总电源由断路器和三相钥匙开关控制，设有三相带灯熔断器作为短路保护和断相指示。

② 控制屏电源由交流接触器通过启动、停止按钮进行控制。

③ 屏上装有电压型漏电保护装置，控制屏内或强电输出若有漏电现象，即告警并切断总

电源,确保实验进程的安全。

④ 各种电源及各种仪表均有一定的保护功能。

⑤ 屏内设有过流保护装置,当交流电源输出有短路或负载电流过大时,会自动切断交流电源,以保护实验装置。

3.4.2 实验台面板及挂箱

1. 实验台面板

实验台面板有两部分,左侧部分如图 3-4-1 所示,主要有三相调压输出和交流三相电源输入显示,交流电源启动和停止按钮,钥匙开关,交流三相电源接出插孔,实验用日光灯插孔,实验台照明开关,实验台复位按钮等。

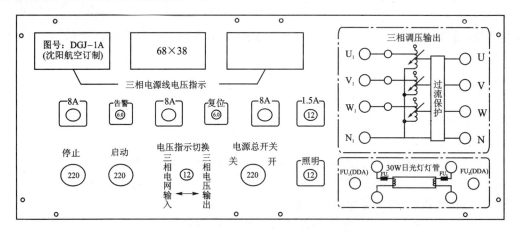

图 3-4-1 实验台左侧

其中三相电源是三相四线制输出的三相交流电,U1、V1、W1 为交流直接输出不可调;U、V、W 为具有过流、漏电保护的交流可调 0～450 V 输出。

实验台右侧部分如图 3-4-2 所示,主要有直流数显稳压电源、直流数显恒流源、定时器兼报警记录仪和变压器等。

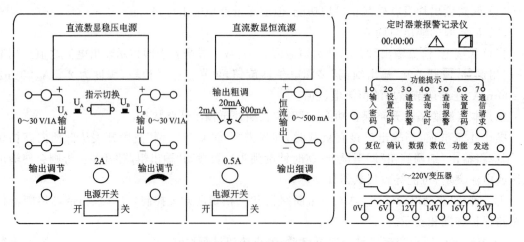

图 3-4-2 实验台右侧

直流数显电压源:两组 0~30 V 可调,最大电流输出 1 A。
直流数显恒流源:一组 0~500 mA。
实验用变压器:输入 220 V,输出电压 0~6~12~14~16~24 V。

2. 仪表控制实验箱 DGJ-07-2A

智能化仪表有:4 位交、直流电压表,交、直流电流表各一块;仪表开关一个,智能化功率表两块,见图 3-4-3。

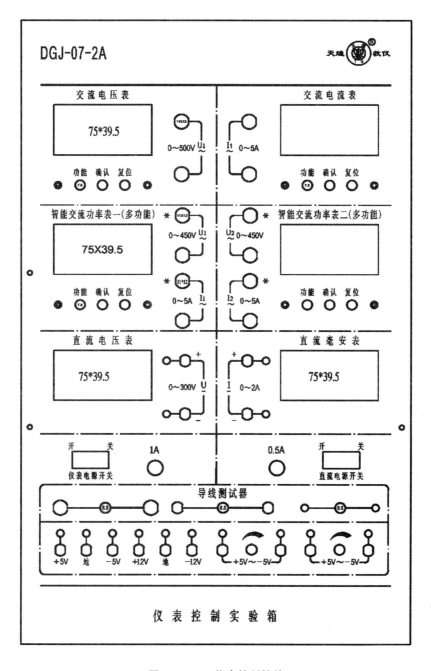

图 3-4-3 仪表控制挂箱

(1) 仪表由单片机、高精度 A/D 转换芯片和 LED 数字显示电路构成。

(2) 主要功能

① 测量功率时,输入电压、电流的范围为:5 A～450 V,20 mA～5 A。为保证测量准确,仪表内部分 8 个量程段,测量时能根据输入信号的大小自动切换量程。

② 能测量功率因数($\cos \phi$ 值),并能自动判别负载性质(L 或 C)。

③ 可测输入信号的频率和周期。测量范围为:1.00～99.00 Hz,1.00～99.00 ms。

(3) 使用方法

① 接线:电压输入端与被测对象并联,电流输入端与被测对象串联。

② 开启电源后,显示器各位将依次显示"P",表明仪表已处于正常状态,亦即初始状态。

③【功能】键用来选择测试项目。连续按动此键,会依次显示以下项目:

U:电压;I:电流;P:功率;COS:功率因数及负载性质;FUC:频率;CCP:周期;xdA.CO(x 为不确定字符):数据保存;dSPLA:数据查询;PC:备用。

使用时,根据需要用【功能】键选定一项。对于前六项,选定项目后,按【确认】键,只要输入端接有相应的信号,即显示相应的测量值。测量单位为:电压 V、电流 A、功率 W、频率 Hz、周期 ms。

④ 数据保存。此功能只能保存 P 和 COS 二项的数据。操作方法如下:

用【功能】和【确认】键先后测量 P(约需 5 s)和 COS 二项的数据,待测得的数据稳定后,再按【功能】键,选定 xdA.CO,按【确认】键,这时会显示保存数据的序号(共可保存 15 组数据,序号为 0～9,A～F),并保存该组数据。

注意:P 和 COS 二项的数据是作为一组同时保存的。也可各自单独保存,但这时是作为二组数据保存的。在查询时,每组数据中没测的那项数据为乱码。

要让微机采集和保存负载的 U、I 数据并显示其波型和相位差别,必须至少保存一组 P、COS 数据。

固定输出直流电压源有 ±12 V、±5 V 各一组,两组直流信号 −5 V～+5 V 可调。电源开关一个。

实验用导线测试蜂鸣插孔。

3. 电路基础实验箱 DGJ−03A

如图 3−4−4 所示,挂箱主要完成基尔霍夫定理/叠加原理;一阶、二阶动态电路/R、L、C 串联谐振电路;受控源 VCCS、CCVS、INIS 实验项目。另有部分电阻、电容、电感元件;0～9 999.9 Ω 电阻箱两个。

4. 交流电路实验箱 DGJ−04A

如图 3−4−5 所示,挂箱有三组负载,每组 3 个,每个 15 瓦灯泡。每组电路设有电流插孔,每个灯泡都有单独控制开关。

日光灯实验组件:镇流器、启辉器、补偿电容(4.7 μF/400 V,2.2 μF/400 V);升压铁芯变压器;电度表接线图。

提供单相、三相、日光灯、变压器、互感器、电度表等实验所需的器件。

灯组负载为三个各自独立的白炽灯组,可连接成 Y 形或 △ 形两种形式,每个灯组设有三只并联的白炽灯螺口灯座(每个灯组均设有三个开关,控制三个并联支路的通断),可装 60 W 以下的白炽灯 9 只,各灯组均设有电流插座,每个灯组均设有过压保护线路。当电压超过

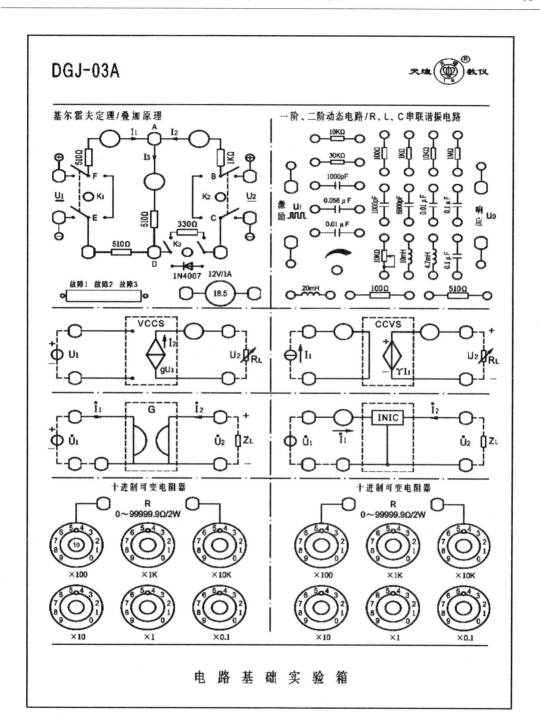

图 3-4-4 电路原理挂箱

245 V 时会自动切断电源并报警,避免烧坏灯泡。

日光灯实验器件有 40 W 镇流器、4.7 μF 电容器、2.2 μF 电容器、启辉器插座、短路按钮 1 只;铁芯变压器 1 只,50 VA、220 V/36 V,原、副方均设有电流插座;互感器,实验时临时挂上,两个空心线圈 L1、L2 装在滑动架上,可调节两个线圈间的距离,可将小线圈放到大线圈

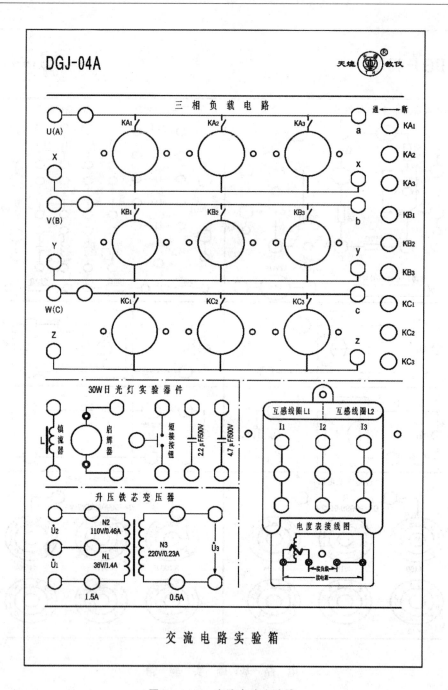

图 3-4-5 交流电路实验箱

内,并附有大、小铁棒各 1 根和非导磁铝棒 1 根;电度表 1 只,规格为 220 V、3/6 A,实验时临时挂上,其电源线、负载进线均已接在电度表接线架的空心接线柱上,以便接线。

5. 模拟电路实验挂箱(一)D73-2A

该挂箱可以做负反馈放大器、集成运算放大器、直流稳压电源电路(7812、W317)、差动放大器及扩展电路等 4 个实验。另外还配备有可控硅、场效应三极管、稳压管、8 个可变电阻等元器件。见图 3-4-6。

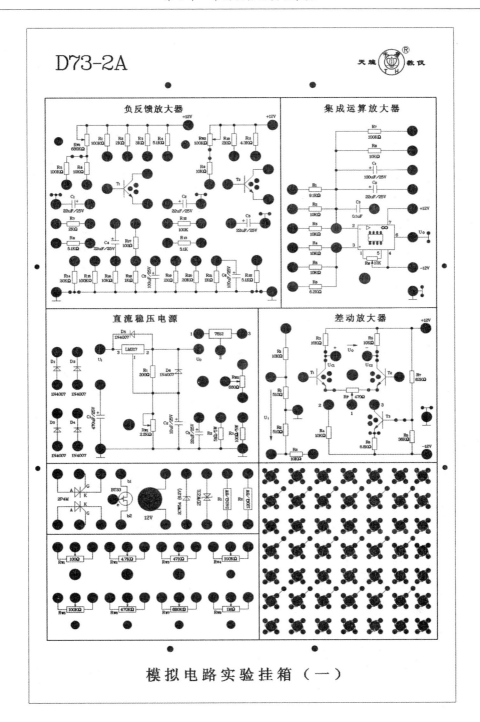

图 3-4-6 模拟电路实验挂箱(一)

6. 模拟电路实验挂箱(二)D73-2B

该挂箱可以做集成运算放大器(一)、集成运算放大器(二)、函数信号发生器、OTL 功率放大器、555 应用电路、集成功率放大器等 6 个实验。另外还配备有继电器、蜂鸣器、稳压管、8 个可变电阻等元器件。见图 3-4-7。

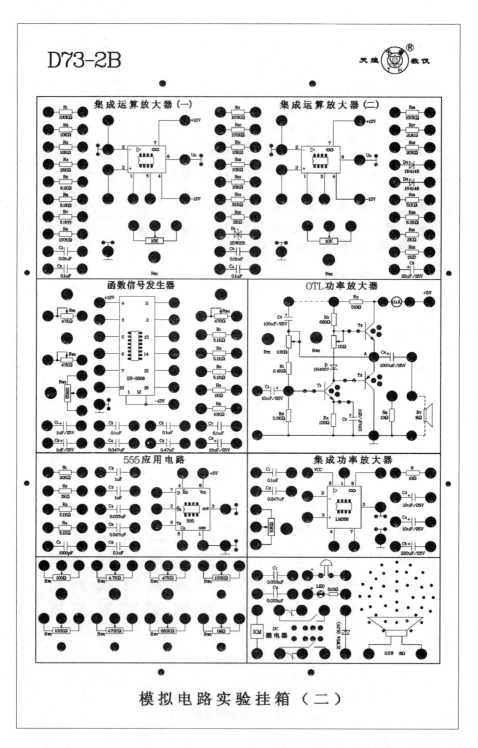

图 3-4-7 模拟电路实验挂箱(二)

7. 数字电路实验箱(一)D72-2A

D72-2A挂箱为数字电路,包括有6个数码管、12位逻辑电平显示、12位逻辑电平输出;

16个14脚功率IP插座、6个16脚功率IP插座、2个8脚功率IP插座;脉冲信号,上升沿、下降沿控制及辅助器件,见图3-4-8。该箱实验时需要直流5V电源。

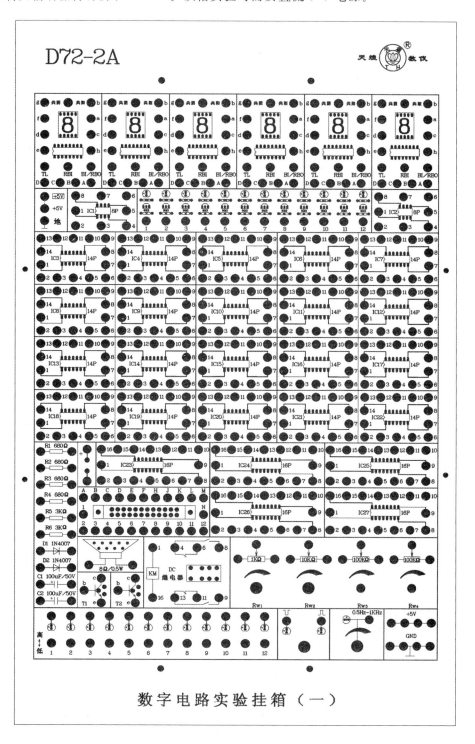

图3-4-8 数字电路实验挂箱(一)

第 4 章 电工实验

4.1 伏安特性的测定

4.1.1 实验目的

(1) 熟悉电工综合实验装置；
(2) 掌握几种元件伏安特性的测试方法，加深对线性电阻元件、非线性电阻元件伏安特性的理解；
(3) 掌握实际电压源使用调节方法；
(4) 学习常用直流电工仪表和设备的使用方法。

4.1.2 实验仪器与设备

(1) DGJ-1A 高性能电工技术实验装置(网络智能电工实验装置)；
(2) 直流电流表、直流电压表(DGJ-07-2A)挂箱，直流可调电压源(DGJ-1-2)挂箱，数字万用表；
(3) 被测电路的基本元件。电路图(DGJ-03)挂箱。

4.1.3 实验原理与说明

在电路中，电路元件的特性一般用该元件上的电压 U 与通过该元件的电流 I 之间的函数关系 $U=f(I)$ 来表示，这种函数关系称为该元件的伏安特性，有时也称为外部特性。对于电源的外特性则是指它的输出端电压和输出端电流之间的关系，通常这些伏安特性以 U 和 I 分别作为纵坐标和横坐标绘制成曲线，即伏安特性曲线或外特性曲线。电路元件的伏安特性可以用电压表、电流表测定，称为伏安测量法(伏安表法)。由于仪表的内阻会影响到测量的结果，因此，必须注意仪表的合理接法。

如果电路元件的伏安特性曲线在 $U-I$ 平面上是一条通过坐标原点的直线如图 4-1-1(a)所示，则该元件称作线性元件。该元件两端的电压 U 与通过该元件的电流 I 之间服从欧姆定律 $U=RI$，具有线性函数关系，即具有比例性和可加性。如果电路元件的伏安特性不是线性函数关系，则称该元件为非线性元件。非线性元件的伏安特性曲线是可以通过坐标原点或不通过坐标原点的曲线，如图 4-1-1(b)所示。

本实验中所用到的元件为线性电阻、白炽灯泡、一般半导体二极管整流元件及稳压二极管等常见的电路元件。其中线性电阻的伏安特性曲线是一条通过坐标原点的直线，如图 4-1-1(a)所示，该直线的斜率等于该电阻的数值。白炽灯泡在工作时灯丝处于高温状态，其灯丝电阻随着温度的改变而改变，并且具有一定的惯性，其伏安特性为一条曲线，如图 4-1-1(b)所示。可见电流越大温度越高，对应的电阻也越大，一般灯泡的冷电阻与热电阻可相差几倍至几十倍。一般半导体二极管整流元件也是非线性元件，当正向运用时其外部特性如图 4-1-1

(c)所示。稳压二极管正向伏安特性类似普通二极管,其反向伏安特性则较特别,如图 4-1-1(d)所示,在反向电压开始增加时,其反向电流几乎为零,但当电压增加到某一数值时(一般称为稳定电压 U_Z,对于 2CW14 型稳压管 U_Z 的允许值在 6~7.5 V 之间)电流突然增加,以后它的端电压维持恒定,即不再随外加电压升高而增加,这种特性在电子设备中有着广泛的应用。

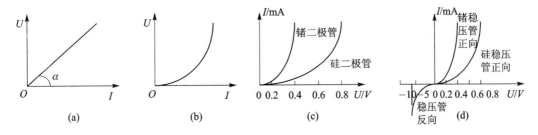

图 4-1-1 伏安特性曲线

4.1.4 实验任务与步骤

1. 线性电阻的测试

测试线性电阻 R 的伏安特性曲线电路如图 4-1-2 所示。

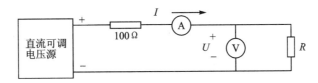

图 4-1-2 测试线性电阻 R 的伏安特性

在上述实验电路中,调节可调电压源的输出电压,即能改变电路中的电流,从而可以测得通过电阻 R(510 Ω)的电流及相应的电压值,并将所测实验数据填入表 4-1-1 中。

注意:流过电阻 R 的电流应是电流表读数减去流过电压表的电流,计算电阻 R 时可以校正,流过电压表的电流可根据其标明的电压灵敏度来计算。

表 4-1-1 线性电阻的伏安特性测试数据

电源电压/V	0	2	4	6	8	10	15
U/V	0						
I/mA	0						

2. 白炽灯泡的测试

测试白炽灯泡的伏安特性线路如图 4-1-3 所示。

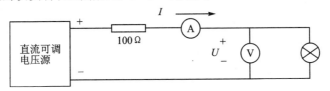

图 4-1-3 测试白炽灯的伏安特性

将图 4-1-2 电路中的电阻换成白炽灯泡,重复图 4-1-2 测试步骤即可测得白炽灯泡两端的电压及相应的电流数值,填入表格 4-1-2 中。

表 4-1-2 白炽灯泡的伏安特性测试数据

电源电压/V	0	2	4	6	8	10	15
U/V	0						
I/mA	0						

*3. 二极管的测试

测试二极管的伏安特性线路如图 4-1-4 所示。

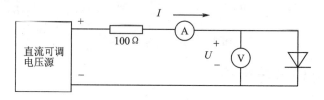

图 4-1-4 测试二极管的伏安特性

图中 100 Ω 为限流电阻,同样调节可调电压源的输出电压,将所测实验数据填入表 4-1-3 中。注意:硅二极管的死区电压约为 0.5 V,锗二极管约为 0.1 V。二极管导通时的正向压降,硅管为 0.6~0.8 V,锗管为 0.2~0.3 V,所在支路电流不能过高,否则会烧毁二极管。

表 4-1-3 一般硅二极管正向伏安特性的测试数据

电源电压/V	0	0.1	0.3	0.5	0.7	1	2	3
U/V	0							
I/mA	0							

*4. 稳压二极管的测试

测试稳压二极管的反向伏安特性线路如图 4-1-5 所示。

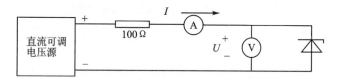

图 4-1-5 测试稳压二极管的伏安特性

把上述步骤的一般二极管换成稳压二极管,调节可调电压源的输出电压,将所测实验数据填入表 4-1-4 中。

表 4-1-4 稳压二极管反向伏安特性的测试数据

电源电压/V	0	1	2	3	4	5	6	7
U/V	0							
I/mA	0							

4.1.5 注意事项

(1) 实验时,电流表应串接在电路中(首尾相接),电压表应并接在被测元件上(首首相接,尾尾相接)。
(2) 合理选择量程,切勿使电表超过量程。
(3) 可调电压源的输出应由小到大逐渐增大,输出端切勿碰线短路;可调电压源不能短路,以免损坏电源设备。
(4) 记录实验所用仪表的量程和内阻值,以备分析测量误差。
(5) 对于任何电工和电子元器件或设备都要了解其额定电压、额定电流、额定功率的大小,在使用时实际消耗的功率或流过的电流不允许超过额定值,要按照规定条件正确使用,以防损坏元器件或设备。

4.1.6 思考题

用电压表和电流表测量元件的伏安特性时,电压表可接在电流表之前或之后,两者对测量误差有何影响?实际测量时应根据什么原则选择?(画图并说明)

4.1.7 预习要求

阅读实验内容,明确实验步骤;完成预习报告,并进行必要的理论计算。

4.2 电路基本定律及定理的验证

4.2.1 实验目的

(1) 通过实验验证并加深对基尔霍夫定律、叠加原理及其适用范围的理解;
(2) 用实验验证并加深对戴维南定理与诺顿定理的理解;
(3) 掌握电压源与电流源相互转换的条件和方法;
(4) 灵活运用等效电源定理来简化复杂线性电路的分析。

4.2.2 实验仪器与设备

(1) DGJ-1A 高性能电工技术实验装置;
(2) 直流电流表、直流电压表(DGJ-07-2A)挂箱,直流可调电压源(DGJ-1-2)挂箱;
(3) 被测电路的基本元件,电路图(DGJ-03)挂箱。

4.2.3 实验原理与说明

1. 基尔霍夫定律

基尔霍夫定律是电路理论中最基本的定律之一,它阐明了电路整体结构必须遵守的规律,应用极为广泛。基尔霍夫定律有两条:电流定律和电压定律。

(1) 基尔霍夫电流定律

基尔霍夫电流定律(简称 KCL),是指在任一时刻,流入到电路任一节点的电流总和等于该节点流出的电流总和。换句话说就是在任一时刻,流入到电路任一节点的电流的代数和为零。这一定律实质上是电流连续性的表现。运用这条定律时必须注意电流的方向,如果不知道电流的真实方向时可以先假设每一电流的正方向(也称参考方向),根据参考方向就可写出基尔霍夫电流定律表达式。如

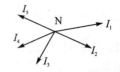

图 4-2-1 KCL 定律示意图

图 4-2-1 所示为电路中某一节点 N,共有 5 条支路与它相连,5 个电流的参考方向如图中所示,根据基尔霍夫定律就可写出

$$I_1 + I_2 + I_3 + I_4 + I_5 = 0$$

如果把基尔霍夫定律写成一般形式就是 $\sum I = 0$。显然,这条定律与支路上接的是什么样的元件无关。因此,不论是线性电路还是非线性电路,都是普遍适用的。

电流定律原是运用于某一点的,我们也可以把它推广运用于电路的任一假设的封闭面,例如图 4-2-2 所示封闭面 S 所包围的电路有 3 条支路与电路其余部分相连接,其电流分别为 I_1、I_2、I_3 则 $I_1 + I_2 - I_3 = 0$,因为对任一封闭面来说,电流仍然必须是连续的。

(2) 基尔霍夫电压定律

基尔霍夫电压定律(简称 KVL),是指在任一时刻,沿闭合回路电压降的代数和总等于零。把这一定律写成一般形式即为 $\sum U = 0$。例如在图 4-2-3 所示的闭合回路中,电阻两端的电压参考正方向如箭头所示,如果从节点 a 出发,顺时针方向绕行一周又回到 a 点,便可写出

$$U_1 + U_2 + U_3 - U_4 - U_5 = 0$$

显然,基尔霍夫电压定律也是和沿闭合回路上元件的性质无关。因此,不论是线性还是非线性电路,都是普遍适用的。

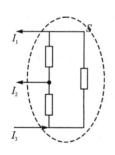 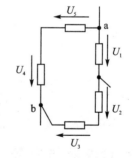

图 4-2-2 封闭的外电路连接图   图 4-2-3 KVL 定律示意图

2. 叠加原理

当几个电压源在某线性网络中共同作用时,也可以是几个电流源共同作用于线性网络,或电压源和电流源混合共同作用。它们在电路中任一支路产生的电流或在任意两点间所产生的电压降,等于这些电压源或电流源分别单独作用时,在该部分所产生的电流或电压降的代数和,这一结论称为线性电路的叠加原理。如果网络是非线性的,则叠加原理不适用。

独立源单独作用,是指当某个独立源单独作用于网络时,其余的电压源用短路线代替,电流源开路。

3. 等效电源定理

戴维南定理(Thevenin's theorem)与诺顿定理(Norton's theorem),是分析简化复杂线性

网络电路的一种有效方法,是研究复杂线性网络电路的一种有力工具。

对于任何一个复杂线性网络电路,如果只研究其中的一个支路的电压和电流,则可将电路的其余部分看成一个二端网络;二端网络还视其内部有无电源而分为有源二端网络和无源二端网络。这时可以用一个简单的等效电路去替代二端网络电路,从而简化问题,便于分析电路。对于无源二端网络,等效电路成一条无源支路,支路中的电阻视为无源二端网络的入端电阻。那么,对于有源二端网络其等效的简单电路遵循如下的两条定理:

戴维南定理:对外电路来说,一个线性有源二端网络可以用一个电压源和一个电阻串联的电路来等效代替。该电压源的电压等于此有源二端网络的开路电压 U_{OC},串联电阻等于此有源二端网络除去独立电源后(电压源短接,电流源断开)在其端口处的等效电阻 R_0,这个电压源和电阻串联的电路称为戴维南等效电路。

诺顿定理:一个线性有源二端网络可用一个电流源和电阻的并联电路来等效代替。该电流源的电流等于此有源二端网络的短路电流 I_{SC},并联电阻等于有源二端网络除去独立电源后(电压源短接,电流源断开)在其端口处的等效电阻 R_0,这个电流源和电阻的并联称为诺顿等效电路。

4.2.4 实验任务与步骤

1. KCL 及 KVL 的验证

按照图 4-2-4 所示电路板接线图,将 K_1 和 K_2 两个开关都扳向左边,K_3 扳向上边,U_1 与 10 V 电压源相连,得到如图 4-2-5 所示电路图,用它来验证基尔霍夫的两条定律。按照所规定的参考方向,测出图中各支路电流及各元件电压值并填入表 4-2-1 中,并计算验证 KCL 和 KVL。

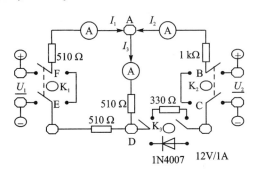
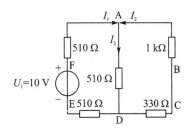

图 4-2-4　电路板接线图　　　　图 4-2-5　KCL 及 KVL 实验线路图

表 4-2-1　KCL 及 KVL 实验数据记录

项目	支路电流			端点电压			节点电流	回路电压
	I_1/mA	I_2/mA	I_3/mA	U_{AC}/V	U_{CD}/V	U_{DA}/V	$I_1+I_2-I_3$	$U_{AC}+U_{CD}+U_{DA}$
计算值								
测量值								

2. 叠加原理的验证

将图 4-2-4 所示电路中的开关 K_1 扳向左边(接入 U_1),K_2 扳向右边(接入 U_2),K_3 扳向上边(接入电阻 330 Ω),U_1 与 10 V 电压源相连,U_2 与 5 V 电压源相连,得到图 4-2-6 所示电路后,让 $U_1=10$ V 单独作用(令 $U_2=0$ V,即将独立电压源 U_2 拿掉,即将开关 K_2 扳向左边),测出 A、D 之间的电流 I'_3 和 U'_{AD};再让 $U_2=-5$ V 单独作用,测出 A、D 之间的电流 I''_3 和 U''_{AD};两电压源都作用时,测出 A、D 之间的电流 I_3 和 U_{AD},填入表 4-2-2 中。

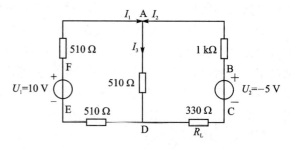

图 4-2-6 叠加原理实验线路图

表 4-2-2 叠加原理实验数据记录

I'_3/mA	I''_3/mA	$I_3=I'_3+I''_3$/mA (计算值)	U'_{AD}/V	U''_{AD}/V	$U_{AD}=U'_{AD}+U''_{AD}$/V (计算值)	I_3/mA (测量值)	U_{AD}/V (测量值)

3. 戴维南等效定理的验证

对图 4-2-6 所示电路,将 C、D 间电阻 R_L 去掉后(即将开关 K_3 扳到中间)其余电路为有源二端网络。

(1) 测量 D、C 之间的开路电压 $U_{OC}=U_{CD}$,即为戴维南等效电路中的独立电压源。

(2) 测量戴维南等效电路内阻 R_o。

求(或测量)R_o 从理论上讲,可以有四种方法。

① 将电路中所有独立源"去掉"(即电压源去掉后短路,电流源去掉后开路),然后用数字万用表的欧姆档直接测出 D、C 间的等效电阻值,即为戴维南电路的等效内阻 R_o。

② 直接测出有源二端网络两个端点 D 和 C 之间的开路电压 U_{CD} 和短路电流 I_{CDS},则

$$R_o = U_{CD}/I_{CDS}$$

③ 测出开路电压 U_{OC} 后,再将 R_L 接入 C、D 之间,测出 R_L 上的端电压 U'_{CD},则

$$R_o = ((U_{OC}/U'_{CD})-1)R_L$$

这种方法是实际电路的测量中较常用的方法。

④ 对除源后的无源二端网络可采用外接激励法求出 R_o 之值。原理图如图 4-2-7 所示。

实验中按上述方法中①、②、③测量内阻 R_o,将测量结果填入表 4-2-3 中。

表 4-2-3 数据记录

R_o/Ω(方法 1)	U_{CD}/V	I_{CDS}/mA	R_o/Ω(方法 2)	U'_{CD}/V	R_o/Ω(方法 3)

(3) 将测得的 U_{OC}(由可调电压源提供)和 R_o(由可变电阻器提供)按图 4-2-8 所示联接成戴维南等效电路,测得 R_L 两端的电压值 U''_{CD},与从图 4-2-6 所示电路图中测得 R_L 两端的电压值 U'_{CD} 比较,验证戴维南等效定理。

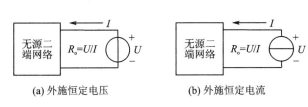 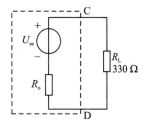

图 4-2-7　外施激励法电路图　　　图 4-2-8　戴维南等效电路图

4.2.5　注意事项

(1) 电压表读数如为负值时,负号不能省去。
(2) 电压和电流的下脚标字母的顺序。

4.2.6　思考题

(1) 电压和电位有什么区别?如何确定电压和电流的实际方向?
(2) 画出图 4-2-6 所示电路,从 DC 处向里看过去的有源二端网络的输出特性曲线。

4.2.7　预习要求

(1) 复习基尔霍夫定律、叠加原理和戴维南定理,能简述它们的基本要点。
(2) 弄懂实验电路图 4-2-5,根据 KCL 和 KVL 计算出电路中各支路电压和电流值。
(3) 根据实验电路图 4-2-6,预先用叠加原理计算出表 4-2-2 中各电压、电流值。
(4) 根据实验电路图 4-2-6,预先用戴维南定理计算出 U_{CD},I_{CDS} 和 R_o 之值。

4.3　单相交流电路参数的测量

4.3.1　实验目的

(1) 学习用交流电压表、交流电流表和功率表测量交流电路元件的等效参数;
(2) 了解正弦交流电路中,电压和电流及各部分电压之间的相量关系;
(3) 熟悉日光灯的接线,做到能正确迅速连接电路;
(4) 学会如何提高功率因数,弄懂提高功率因数的概念和意义。

4.3.2　实验仪器与设备

(1) DGJ-1A 高性能电工技术实验装置;
(2) 交流电流表、交流电压表、功率表(DGJ-07-2A)挂箱;
(3) 被测电路的基本元件,电路图(DGJ-1A-1),电路图(DGJ-04A)挂箱;
(4) 单相交流电压源(DGJ-1A-1)。

4.3.3 实验原理与说明

1. 交流电路参数

交流电路中,元件的阻抗值或无源二端网络的等效阻抗值,可以用交流电压表、交流电流表和功率表分别测量出元件或网络两端的电压 U,流过的电流 I 和它所消耗的有功功率 P,再通过计算得出,其关系式为:

阻抗的模 $\quad |Z|=U/I$

功率因数 $\quad \cos\phi = P/UI$

等效电阻 $\quad R=P/I^2=|Z|\cos\phi$

等效电抗 $\quad X=|Z|\sin\phi$

这种测量方法简称三表法,它是测量交流阻抗的基本方法。

如果被测元件是一个电容器,则

$$C=\frac{1}{\omega X_c}=\frac{1}{2\pi f|Z|\sin\phi}$$

$$R=|Z|\cos\phi$$

如果被测元件是一个线圈,则

$$R=|Z|\cos\phi$$

$$L=\frac{X_L}{\omega}=\frac{|Z|\sin\phi}{2\pi f}$$

测得交流阻抗的数值以后,可以采用以下方法来判定阻抗是属于容性阻抗还是感性阻抗。

(1) 在被测元件两端并接一只适当容量的实验电容器,若电流表的读数增大,则被测元件为容性;若电流表的读数减小,则被测元件为感性。

实验电容器的电容量 C 可根据下列不等式选定,即 $B'<|2B|$,式中 B' 为实验电容器的容纳,B 为被测元件的等效电纳。

(2) 利用示波器测量阻抗元件的电流及端电压之间的相位关系,电流超前电压为容性,电流滞后电压为感性。

(3) 电路中接入功率因数表,从表上直接读出被测阻抗的 $\cos\phi$ 值,读数超前为容性,读数滞后为感性。

2. 日光灯电路及功率因数的提高

实验线路由日光灯管 A、镇流器 L(带铁心电感线圈)和启辉器 S 组成,如图 4-3-1 所示。当接通电源后,启辉器内发生辉光放电,双金属片受热弯曲,触点接通;将灯丝预热使它发射电子,启辉器接通后辉光放电停止,双金属片冷却,又把触点断开。这时镇流器感应出高电压并加在灯管两端,使日光灯放电,产生大量紫外线,灯管内壁的荧光粉吸收后辐射出可见光,日光灯就开始正常工作。

启辉器相当于一只自动开关,能自动接通电路(加热灯丝)和断开电路(使镇流器产生高压,将灯管击穿放电)。镇流器的作用除了感应高电压使灯管放电外,在日光灯正常工作时,起限制电流的作用,镇流器的名称也由此而来。由于电路中串联着镇流器,它是一个电感量较大的线圈,因而整个电路的功率因数不高。

负载功率因数过低,一方面没有充分利用电源容量,另一方面又在输电电路中增加损耗,因此工业生产中规定,当功率因数低于 0.85 时,必须改善和提高。为了提高功率因数,一般最常用的方法是在负载两端并联一个补偿电容,它抵消负载电流的一部分无功分量。通常见到的日光灯电路就是一个感性负载,其功率因数较低,约为 0.5。所以通常在日光灯接电源两端并联一个电容器来提高功率因数。其原理如图 4-3-2 所示。

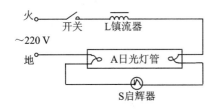

图 4-3-1 日光灯结构图

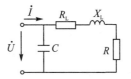

图 4-3-2 日光灯功率因数提高原理图

图 4-3-2 中,R_L 为镇流器的等效电阻;X_L 为镇流器的等效感抗;R 为日光灯的等效电阻。

4.3.4 实验任务与步骤

1. 交流电路参数的测定

参数测试电路如图 4-3-3 所示。接线后测电阻器 $R(100\ \Omega)$,电感线圈 $L(20\ \text{mH})$ 和电容器 $C(4.7\ \mu\text{F})$ 的等效参数。测量数据填入表 4-3-1 中。

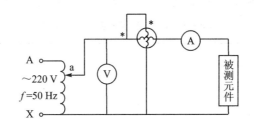

图 4-3-3 交流参数测试电路

表 4-3-1 交流参数测试数据

被测元件	测量值			计算值		
	U/V	I/mA	P/W	R/Ω	L/mH	$C/\mu\text{F}$
R	20				/	/
RL 串联	20					/
RC 串联	20				/	
RLC 串联	20					
RL 串联与 C 并联	20					

2. 日光灯电路的安装及功率因数的提高

(1) 按图 4-3-1 所示安装日光灯,闭合开关,验证日光灯电路。

(2) 按图 4-3-4 所示日光灯实验电路接线。

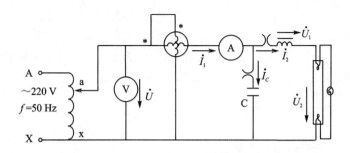

图 4-3-4 日光灯实验电路

(3) 接线后经检查无误方可通电。在不接入电容器 C 的情况下,调节自耦变压器的输出,测量出表 4-3-2 所列各参数,填入表中。

表 4-3-2 无电容时实验数据记录

U/V	测量值				计算值		
	P/W	I_1/mA	U_1/V	U_2/V	R_L	X_L	R
220							
180							

(4) 日光灯电路提高功率因数的原理图见图 4-3-4,在日光灯的输入电压 $U=220$ V 不变情况下分别接入 2 μF 和 4.7 μF 的电容,测量表 4-3-3 中所列各参数,填入表中。

表 4-3-3 有电容时实验数据记录

电容接入情况	测量值				计算值
	P/W	I_1/mA	I_2/mA	I_C/mA	$\cos\varphi$	$\cos\varphi$
2 μF						
4.7 μF						

4.3.5 注意事项

(1) 在综合实验台接好电路后,必须经过教师检查,方可通电。
(2) 实验中,电表不要靠近铁心线圈,以减少测量误差。
(3) 拆除电路时,断电后,先用导线对电容器短路放电,而后再拆线以防触电。

4.3.6 思考题

为什么测电容器时功率表无指示?

4.3.7 预习要求

复习单相交流电路的有关理论,掌握实验电路的工作原理,并进行必要的理论计算。

4.4 单相变压器及其参数的测量

4.4.1 实验目的

(1) 学习测定变压器的变比及空载损耗；
(2) 学习变压器外特性的测试方法；
(3) 了解变压器阻抗变换的作用。

4.4.2 实验仪器与设备

(1) DGJ-1A 高性能电工技术实验装置；
(2) 交流电流表、交流电压表、功率表(DGJ-07-2A)挂箱；
(3) 被测电路的基本元件,电路图(DGJ-1A-1)挂箱,电路图(DGJ-04A)挂箱；
(4) 单相交流电压源(DGJ-1A-1)。

4.4.3 实验原理与说明

变压器是输送交流电时所使用的一种常见的电气设备。它通过磁路耦合作用,把交流电从原方输送到副方。变压器具有变压、变流和阻抗变换的作用。变压器原理图如图 4-1-1 所示。

空载时,原、副绕组的电压之比为变比:$K=U_1/U_2$,而在带载运行时,原、副绕组的电流之比为 $1/K=I_1/I_2$。

当电源电压 U_1 和负载功率因数 $\cos\varphi$ 为常数时,副绕组端电压 U_2 和副绕组电流 I_2 的关系可以用变压器外特性曲线 $U_2=f(I_2)$ 来描述。对于电阻性和电感性负载而言,电压 U_2 随电流 I_2 的增加而下降。变压器外特性曲线见图 4-4-2。

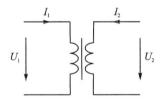

图 4-4-1 变压器

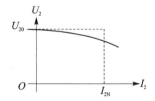

图 4-4-2 变压器外特性曲线

通常希望电压 U_2 的变动越小越好,从空载到额定负载,副绕组电压的变化程度用电压变化率 ΔU 表示：

$$\Delta U = \frac{U_{20}-U_2}{U_{20}} \times 100\%$$

变压器的功率损耗很小,效率很高,通常在 95% 以上,在一般电力变压器中,当负载为额定负载的 50%~70% 时,效率达到最大值。

4.4.4 实验任务与步骤

1. 变压器空载实验

测定变比及空载损耗。

按图 4-4-3 连接实验电路,先找到变压器的高压方与低压方,高压方开路,低压方接于电源上。

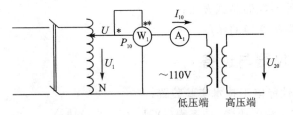

图 4-4-3 变压器空载电路

通电前,自耦调压器旋至零位。(实验台的左侧)

接通电源,调压器从 0 V 上升调至 110 V,用电压表测出空载电压 U_{20},用电流表测出空载电流 I_{10},用功率表测出空载损耗 P_{10}。测量结果填入表 4-4-1 中。

表 4-4-1 测量数据表格

U_1	U_{20}	I_{10}	P_{10}	K(计算)

2. 变压器负载实验

测定变压器的外特性曲线和电压变化率。

按图 4-4-4 连接实验电路,变压器的高压方接负载,低压方通过自耦调压器接于电源上。

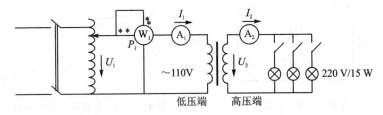

图 4-4-4 负载实验

通电前,自耦调压器旋至零位,变压器的副方开路。

接通电源,调压器从 0 V 上升调至 110 V,并保持在 110 V 不变。

逐个接入负载灯泡,测量原、副方电流 I_1、I_2 及副方电压 U_2、输入功率 P_1,直到原、副方电流接近额定值为止。测量结果填入表 4-4-2 中。计算变压器的工作效率、电压变化率,并画出变压器外特性曲线。

表 4-4-2 变压器电流、电压及功率等测量数据表格

U_1	I_1	P_1	U_2	I_2	P_2	η
110 V					15 W	
					30 W	
					45 W	

*3. 短路实验

测定变压器的短路电流和损耗。

按图 4-4-5 连接实验电路,变压器的高压方接自耦调压器,低压方用粗导线短接。

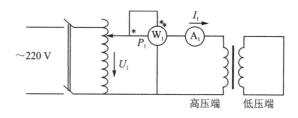

图 4-4-5 短路实验电路图

通电前,自耦调压器旋至零位。

接通电源,自耦调压器从 0 V 缓慢上升直至原方电流接近额定电流 0.23 A。测量原方电流 I_1、电压 U_1、功率 P_1。测量结果填入表 4-4-3 中。

表 4-4-3 调节自耦变压器测量数据

U_1	I_1	P_1	Z_i

4.4.5 注意事项

(1) 每项实验前,自耦调压器应调至零位。
(2) 自耦调压器的输出端不允许短路。
(3) 变压器空载实验及负载实验时,原方为低压方,副方为高压方;变压器短路实验时,原方为高压方,副方为低压方。
(4) 每项实验中要注意变压器原、副方电流的数值,不能超过额定值。

4.4.6 思考题

(1) 在变压器负载实验中,当负载变化时,变压器原方电压是否会受影响,为什么?
(2) 在变压器短路实验中,主要是测量变压器的什么参数?

4.4.7 预习要求

掌握实验电路的工作原理,并进行必要的理论计算。

4.5 三相交流电路的研究

4.5.1 实验目的

(1) 掌握对称三相电路线电压与相电压、线电流与相电流之间的数量关系;
(2) 学习电阻性三相负载的星形和三角形联接方法;
(3) 了解三相不对称负载作星形和三角形联接时,各线相电压、线相电流的变化情况;
(4) 学习三相电路功率的单瓦特表及两瓦特表的测量方法。

4.5.2 实验仪器与设备

(1) DGJ-1A 高性能电工技术实验装置;
(2) 交流电流表、交流电压表、功率表(DGJ-07-2A)挂箱;
(3) 被测电路的基本元件,电路图(DGJ-1A-1),电路图(DGJ-04A)挂箱;
(4) 三相交流电压源(DGJ-1A-1)。

4.5.3 实验原理与说明

本实验的电阻性三相负载用若干 220V/15W 的白炽灯泡所组成的负载箱,其内部每相负载接法如图 4-5-1 所示。

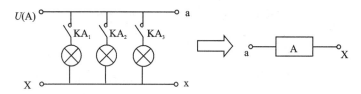

图 4-5-1 每相负载及其表示

每相由三只白炽灯泡并联构成,为便于改变负载,实现对称或不对称,每相的并联支路都用开关控制。负载箱内的三相负载,可通过试验台上的接线孔,接成所需的星形或三角形。

(1) 图 4-5-2 是星形连接的三相四线制供电线路,当线路阻抗不计时,负载的线电压等于电源的线电压,若负载对称,则负载中点 N′ 和电源中点 N 之间的电压为零。此时负载的相电压对称,线电压和相电压之间的关系为 $U_L=\sqrt{3}U_P$,相位上线电压比对应的相电压超前 30°角。

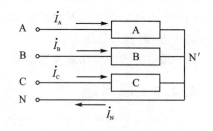

图 4-5-2 星形连接的负载

三相对称电源的线电压、相电压,大小相等,相位差 120°。

(2) 当负载接成对称星形时,各负载相电压的数值相等,相位互差 120°。各线电流和相电流的数值相等,相位互差 120°。

中线电流 $\dot{I}_N = \dot{I}_A + \dot{I}_B + \dot{I}_C = 0$ 　　　　中点电压 $\dot{U}_{NN'} = 0$

(3) 当负载接成不对称星形时,因有中线,各相电压对称,相电流不对称,中线电流不为零:$\dot{I}_N = \dot{I}_A + \dot{I}_B + \dot{I}_C$。

(4) 当负载接成三角形时,若负载对称,负载的线电压等于相电压即 $U_L = U_P$,而相位互差 120°。线电流和相电流的关系为:在数值上线电流等于相电流的 $\sqrt{3}$ 倍,即 $I_L = \sqrt{3} I_P$,在相位上线电流滞后对应的相电流 30°。若负载不对称,各相电流和线电流将发生变化,它们不再对称。

(5) 三相电路功率测量

三相功率的测量可采用单瓦特表法和两瓦特表法。

① 单表法:用瓦特表分别测量每相负载的功率,然后取其三倍即为三相电路的总功率,如图 4-5-3(a)所示。

② 两表法:以三相电路中任意线为基准,用一瓦特表分别测量两线与基线之间的功率,然后叠加起来,即为相电路的总功率。如图 4-5-3(b)所示。

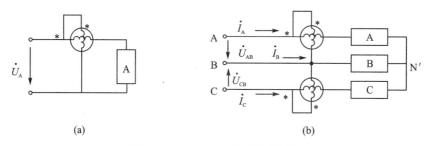

图 4-5-3 三相电路功率的测量

图 4-5-3(b)所示电路是以 B 为基准,两个瓦特表的电压线圈分别和 AB、BC 线并联,电流线圈 A、C 线串联,两瓦特表读数的总和即为三相负载的总功率。

(6) 用两表法测量三相功率时应注意下列问题:

① 两表法适应于对称或不对称的三相三线制电路,而对于三相四线制电路一般不适用。

② 两只功率表的电流线圈分别串入任意两相火线,电流线圈的对应端(*)必须接电源端。

③ 两只功率表的电压线圈的对应端(*)必须各自接到电流线圈的对应端,而两只功率表的电压线圈的非对应端必须同时接到没有接入功率表电流线圈的第三相火线上。

4.5.4 实验任务与步骤

1. 负载星形连接

按图 4-5-4 所示电路连线。经检查无误后,按表 4-5-1 中要求的内容将各数据测出,填入该表中。

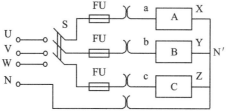

图 4-5-4 负载星形连接实验电路图

表 4-5-1　负载星形连接实验数据

中线情况	开灯盏数			线电压(V)			相电压(V)			中点电压	线相电流(A)			中线电流
	A相	B相	C相	U_{AB}	U_{BC}	U_{CA}	U'_{AN}	U'_{BN}	U'_{CN}	U'_{NN}	I_A	I_B	I_C	I_N
有	3	3	3							/				
无	3	3	3											/
有	2	3	2							/				
无	2	3	2											/

*2. 负载三角形连接

按图 4-5-5 所示电路连线。经检查无误后,按表 4-5-2 中要求的内容将各数据测出,填入该表中。

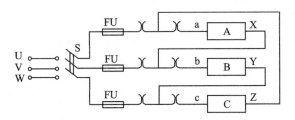

图 4-5-5　负载三角形连接实验电路图

表 4-5-2　负载三角形连接实验数据

	开灯盏数			线相电压(V)			线电流(A)			相电流(A)		
	A相	B相	C相	U_{AB}	U_{BC}	U_{CA}	I_A	I_B	I_C	I_{AB}	I_{BC}	I_{CA}
	3	3	3									
	0	3	3									
	2	3	2									
A 线断	3	3	3									

*3. 三相电路功率的测量

在实际的三相功率测量时(三相三线制),一般是采用"两表法"来测量功率。图 4-5-6 和图 4-5-7 分别绘出了负载星形连接和负载三角形连接的"两表法"测试三相功率的实验线路。按表 4-5-3 中所要求的内容将测出的数据填入该表中。

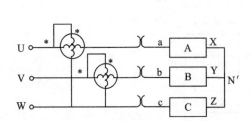

图 4-5-6　负载星形连接测功率电路图

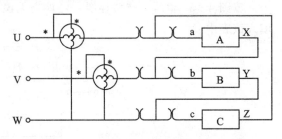

图 4-5-7　负载三角形连接测功率电路图

表 4-5-3 功率测量数据

负载连接形式	开灯盏数			测试值		计算值
	A 相	B 相	C 相	P_1	P_2	$P_总$
星形	3	3	3			
	3	2	3			
三角形	3	3	3			
	2	3	2			

注意：若用指针型功率表时，用"两表法"实测功率时，即使功率表的接线正确也可能有一个功率表出现指针反向偏转的情况，这时必须把该反偏功率表两端反接（对有转换开关的功率表只需将转换开关由"＋"转至"－"的位置），使功率表正偏。这时该功率表的读数一定要取负值，而三相负载消耗的总功率等于这两个功率表读数的代数和。

4.5.5 注意事项

（1）本次实验，电路连线较多，由于串入多个电流插座，线路较复杂。为防止错误，避免故障和事故的发生，接线时电路应该整齐有序，并进行仔细检查，经教师允许后方可通电。

（2）实验过程中如果电路发生了故障，要冷静分析故障原因，在教师指导下尽快查出故障点并予以妥善处理，不断提高分析及排故的能力。电路可能出现的故障有：

① 短路故障，最严重的是负载短路。这种故障将立即导致电源短路，烧坏保险丝，严重时，还将烧坏电工仪表。遇到这种故障，应立即断开电闸，而后，一方面更换电源保险丝，一方面查明短路原因，排除故障。

② 断路故障。这种故障一般是由于电路中某处断路而造成的，可用电压表采用逐点测量电位的方法，缩小故障的范围，找到故障点。

4.5.6 思考题

（1）负载星形连接时，为保证负载相电压对称，为什么中线不允许装保险丝和开关？

（2）怎样测量中点电压 U'_{NN}？有中线时 $U'_{NN}=$？

4.5.7 预习要求

（1）复习三相电路理论知识。

（2）认真阅读本实验的原理及内容步骤。

（3）完成预习报告，并进行必要的理论计算。

4.6 示波器和信号发生器的使用

4.6.1 实验目的

（1）学习并掌握数字示波器和数字信号发生器的使用；

(2) 学习数字交流毫伏表的使用;
(3) 学习用示波器测量电信号的参数的方法。

4.6.2 实验仪器与设备

(1) 数字信号发生器 TFG-2006G;
(2) 数字存储示波器 GW-806C;
(3) 数字式交流毫伏表 SM1020;
(4) 电阻、电容、导线;
(5) 实验台:天煌教仪 DGJ-03A 或天科教仪 TKDG-23。

4.6.3 实验原理与说明

在模拟电子电路实验中,经常使用的电子仪器有示波器、函数信号发生器、直流稳压电源、交流毫伏表及频率计等。它们和万用电表一起,可以完成对模拟电子电路的静态和动态工作情况的测试。

实验中要对各种电子仪器进行综合使用,可按照信号流向,以连线简洁、调节顺手、观察与读数方便等原则进行合理布局,各仪器与被测实验装置之间的布局与连接如图4-6-1所示。接线时应注意,为防止外界干扰,各仪器的公共接地端应连接在一起,称共地(一般为黑色夹子)。信号源和交流毫伏表的引线通常用屏蔽线或专用电缆线,示波器接线使用专用电缆线,直流电源的接线用普通导线。

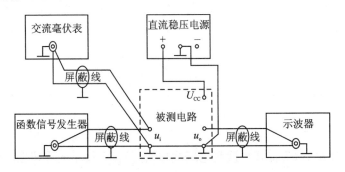

图4-6-1 模拟电子电路中常用电子仪器布局图

1. 示波器

示波器是现代测量中的一种常用的电压测量仪器,它可以直观地显示出电信号的波形,对于周期性信号可以测量其幅值、周期和频率等指标。

2. 信号发生器

信号发生器是提供典型激励波形的信号源,我们实验使用的 TFG-2006G 可以输出正弦波、方波、三角波等多达32种波形,而且波形的幅度和频率在一定范围内可以任意调整。信号发生器作为信号源,它的输出端不允许短路。波形的周期、幅度定义如图4-6-2。

3. 交流毫伏表

交流毫伏表用来测量正弦交流电压的有效值,只能在其工作频率范围之内。为了防止过载而损坏,测量前一般先把量程开关置于量程较大位置上,然后在测量中逐档减小量程。我们所用的 SM1020 毫伏表上限频率范围 3 MHz,带有自动测量方式,按下【自动】按钮,仪表自动调整挡位,显示最多有效数字,但采样时间较长,测量显示较慢。

矩形脉冲波:

U——矩形脉冲波的幅度;

T——矩形脉冲波的周期;

t_p——矩形脉冲波的脉冲宽度;

占空比——t_p/T。

正弦波:

U_{p-p}——正弦波的峰-峰值;

T——正弦波的周期。

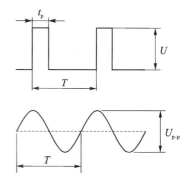

图4-6-2 矩形波和正弦波

4.6.4 实验任务与步骤

首先要熟悉示波器面板上各旋钮和按键的作用,然后接通示波器电源开关,经预热后将示波器测试线两端短接,在示波器荧光屏上显示一条水平扫描线。

(1) 接通信号发生器电源开关,选择矩形脉冲波信号,频率为1 000 Hz,幅度为3 V,占空比为50%,然后接至示波器的CH1通道。

(2) 按示波器按钮【AUTO】调整【VOLTS/DIV】和【TIME/DIV】旋钮,使波形在示波器荧光屏上显示5个周期的波形。将所测得的波形绘制在坐标纸上,按表4-6-1的要求记录相关数据。

表4-6-1　　50%占空比矩形波观察记录表

信号发生器显示值		示波器		
矩形脉冲波	频率	波形 (用坐标纸绘制) (贴在此处)	VOLTS/DIV (垂直挡位值)	周期(格数)
	幅度			幅度(格数)
			TIME/DIV (水平挡位值)	脉冲宽度(格数)
	占空比			

(3) 信号发生器输入频率和幅值的具体操作步骤:① 打开电源开关,按【shift】键【1】键选择矩形脉冲波;② 按【频率】键选择频率;按【数字】键选择频率数,【1】【0】【0】【0】,按【触发 s/Hz/V】键输入频率的单位;③ 按【幅度】键,选择幅度,按【3】输入幅度值;按【触发 s/Hz/V】键输入电压的单位;④ 按【shift】【7】键,选择占空比输入;按数字键【5】【0】;按【触发 s/Hz/V】确认输入占空比。

注意:信号发生器与示波器相连接时,要使两根连接线的红色夹子连在一起,黑色夹子连在一起。

(4) 信号发生器选择矩形脉冲波信号,频率为2 kHz,幅度为2 V,占空比为20%,然后接至示波器的CH1通道,在示波器荧光屏上显示1个周期的波形。将所测得的波形绘制在坐标纸上,按表 4-6-2 的要求记录相关数据。

表 4-6-2　　20%占空比矩形波观察记录表

信号发生器显示值		示波器		
矩形脉冲波	频率	波形 (用坐标纸绘制) (贴在此处)	VOLTS/DIV (垂直挡位值)	周期(格数)
	幅度			幅度(格数)
	占空比		TIME/DIV (水平挡位值)	脉冲宽度(格数)

(5) 信号发生器选择正弦波信号,频率为 200 Hz,用交流毫伏表测量其有效值为 2 V,然后接至示波器的 CH1 通道,在示波器荧光屏上显示 2 个周期的波形。将所测得的波形绘制在坐标纸上,按表 4-6-3 的要求记录相关数据。

表 4-6-3　　200 Hz 正弦波信号观察记录表

信号发生器显示值		示波器		
正弦波	频率	波形 (用坐标纸绘制) (贴在此处)	VOLTS/DIV (垂直挡位)	周期
	有效值		TIME/DIV (水平挡位)	峰峰值

信号发生器输入频率和幅值的具体操作步骤:① 按【shift】键【0】键,选择正弦波;② 按【频率】键,输入:【2】【0】【0】,按【触发 s/Hz/V】键,输入频率;③ 按【幅度】键和【shift】【6】键,输入:【2】,按【触发 s/Hz/V】键。

*(6) 按图 4-6-3 连接阻容移相电路,$C=0.01~\mu\text{F}$,$R=10~\text{k}\Omega$。

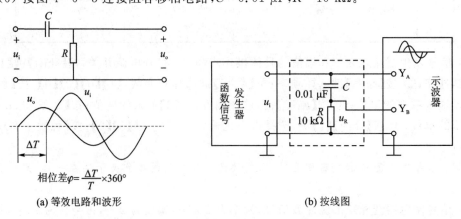

(a) 等效电路和波形　　　　　　　　(b) 按线图

图 4-6-3　测量阻容移相接线图

图 4-6-4 所示为双踪示波器显示两相位不同的正弦波。

$$\theta = \frac{X(\text{div})}{X_T(\text{div})} \times 360°$$

式中：X_T——一周期所占格数；X——两波形在 X 轴方向差距格数。

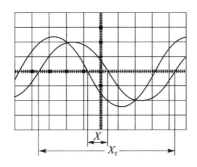

图 4-6-4 双踪示波器显示两相位不同的正弦波

信号发生器输出频率为 1 000 Hz，用交流毫伏表测量其有效值为 1 V 的正弦波 u_i，用示波器 CH1 通道测量该正弦波，在荧光屏上显示 1 个周期的波形；同时将该正弦波信号送入移相电路，用示波器 CH2 通道测量移相电路的输出信号波形 u_o，观察两个波形的相位关系，将所测波形绘制在坐标纸上，按表 4-6-4 的要求记录相关数据。

表 4-6-4　1 000 Hz 正弦波信号观察记录表

信号发生器		示波器		
正弦波	频率	波形 （用坐标纸绘制） （贴在此处）	CH1 通道	VOLTS/DIV
				峰峰值
			CH2 通道	VOLTS/DIV
				峰峰值
	有效值		TIME/DIV	
			周期	
			相位差	ΔT
				φ

4.6.5　实验注意事项

（1）在了解示波器和信号发生器的使用方法之后再动手操作，旋动各旋钮和扳动各开关和按键时动作要轻，不要用力过猛。

（2）在操作过程中示波器和信号发生器不要频繁开关电源。

（3）信号发生器的输出端不允许短接。

（4）多台电子仪器同时使用时，应注意各仪器的"地"要连接到一起。

4.6.6　思考题

测量一个频率为 4 000 Hz，$U_{p-p} = 2$ V 的正弦波信号，使示波器荧光屏上显示两个周期，波形应尽可能大,但不能超过荧光屏的有效范围,【VOLTS/DIV】和【TIME/DIV】这两个旋钮应放在什么位置？（用坐标纸定量画出）

4.6.7 预习内容

（1）明确本次实验的目的和实验所用的仪器设备。
（2）熟悉示波器和信号发生器面板的基本结构。
（3）掌握矩形脉冲波和正弦波的基本参数,画出示意图并进行标注。（示波器和信号源的使用详见附录）

4.7 RC 电路频率特性的研究

4.7.1 实验目的

（1）了解滤波电路的频率特性；
（2）学习滤波电路频率特性的测量方法；
（3）学习测定 RLC 串联谐振电路的频率特性曲线；
（4）研究电路参数对频率特性的影响；
（5）进一步熟悉示波器和信号源的使用。

4.7.2 实验仪器与设备

（1）数字信号发生器 TFG-2006G；
（2）数字存储示波器 GW-806C；
（3）数字式交流毫伏表 SM1020；
（4）电阻、电容、导线；
（5）实验台：天煌教仪 DGJ-03A 或天科教仪 TKDG-2。

4.7.3 实验原理与说明

（1）从输入信号中提取有用信号而抑制其他无用信号或噪声的过程称为滤波。实现滤波功能的电路称为滤波电路。根据通带和阻带在频率特性曲线上所处的相对位置,滤波电路可分为低通、高通、带通和带阻等类型。

① 低通滤波电路

一阶 RC 低通滤波电路及该电路的幅频特性曲线如图 4-7-1 所示。

传递函数 $T(\omega) = \left| \dfrac{\dot{U}_o}{\dot{U}_i} \right| = \left| \dfrac{1}{1+j\omega RC} \right|$，截止频率 $\omega_0 = \dfrac{1}{RC}$ 或 $f_0 = \dfrac{1}{2\pi RC}$。

② 高通滤波电路

一阶 RC 高通滤波电路及该电路的幅频特性曲线如图 4-7-2 所示。

传递函数 $T(\omega) = \left| \dfrac{\dot{U}_o}{\dot{U}_i} \right| = \left| \dfrac{j\omega RC}{1+j\omega RC} \right|$，截止频率 $\omega_0 = \dfrac{1}{RC}$ 或 $f_0 = \dfrac{1}{2\pi RC}$。

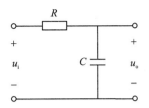 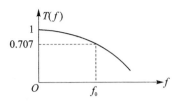

图 4-7-1　低通滤波电路及幅频特性曲线

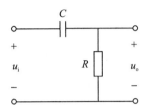 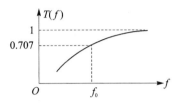

图 4-7-2　高通滤波电路及幅频特性曲线

(2) 由 RLC 元件组成的串联电路如图 4-7-3 所示,在正弦交流电源的作用下,其复阻抗为 $Z=R+\mathrm{j}\left(\omega L-\dfrac{1}{\omega C}\right)$,当 $\omega L=\dfrac{1}{\omega C}$ 时,电路阻抗 $Z(\omega_0)=R$ 为纯电阻,这一现象叫谐振,谐振频率为 $\omega_0=\dfrac{1}{\sqrt{LC}}$ 或 $f_0=\dfrac{1}{2\pi\sqrt{LC}}$。

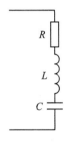

图 4-7-3　RLC 串联谐振电路

RLC 串联电路处于谐振时具有以下特征:
① 电路呈现电阻性,电压与电流同相位。
② 电阻的阻抗最小,电流最大,谐振曲线如图 4-7-4 所示。
下限截止频率为 f_1,上限截止频率为 f_2,通频带为 $\Delta f=f_2-f_1$。
③ 电感元件与电容上的电压大小相等,均为外加电源电压有效值的 Q 倍,但相位相差 180°。
④ 品质因数 $Q=\dfrac{1}{R}\sqrt{\dfrac{L}{C}}$,$Q$ 值越大,曲线越尖锐,选择性越好,如图 4-7-5 所示。

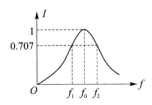 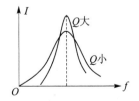

图 4-7-4　串联谐振幅频特性　　**图 4-7-5　谐振电路 Q 值的比较**

4.7.4　实验任务与步骤

1. 滤波电路的频率特性
(1) 一阶 RC 低通滤波电路

按图 4-7-6 连接实验线路。图中 $R=1\text{ k}\Omega,C=0.1\text{ }\mu\text{F}$。

信号发生器输出有效值为 1 V 的正弦电压信号 u_i。

保持信号发生器的输出 u_i 幅度不变,改变其频率,用交流毫伏表测量输出电压 u_o,按表 4-7-1 的要求进行测量和计算。

表 4-7-1　低通滤波电路幅频特性实验数据记录表

f/kHz	0.1	0.5	1.0	1.5	1.6	1.7	1.8	2.0
U_i/V				1				
U_o/V								
$T(f)=U_o/U_i$								
f_0/kHz								

在坐标纸上绘出幅频特性曲线,在图上找出截止频率,与理论计算值进行比较。

(2) 一阶 RC 高通滤波电路

按图 4-7-7 连接实验线路。图中 $R=2\text{ k}\Omega,C=0.1\text{ }\mu\text{F}$。

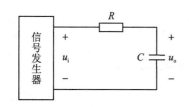 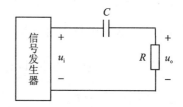

图 4-7-6　低通滤波电路实验线路　　　图 4-7-7　高通滤波电路实验线路

信号发生器输出有效值为 1 V 的正弦电压信号 u_i。

保持信号发生器的输出 u_i 幅度不变,用交流毫伏表测量输出电压 u_o,改变其频率,按表 4-7-2 的要求进行测量和计算。

表 4-7-2　高通滤波电路幅频特性实验数据记录表

f/kHz	0.5	0.6	0.7	0.8	0.9	1.0	1.2	1.5
U_i/V				1				
U_o/V								
$T(f)=U_o/U_i$								
f_0/kHz								

在坐标纸上绘出幅频特性曲线,在图上找出截止频率,与理论计算值进行比较。

2. RLC 串联谐振电路的谐振曲线

(1) 测量谐振频率和谐振点电压

按图 4-7-8 连接实验线路。图中 $R=51\text{ }\Omega,L=20\text{ mH},C=0.1\text{ }\mu\text{F}$。

信号发生器输出有效值为 1 V 的正弦电压信号 u_i。

保持信号发生器的输出 u_i 幅度不变,用交流毫伏表测量电压,用示波器监视信号源输出,如图 4-7-8 所示。令信号源输出电压为 $U_i=1\text{ V}$ 正弦波,并在整个实验过程中保持不变。

在谐振频率的理论值附近改变其频率,用交流毫伏表监测电阻 R 两端的电压 U,当毫伏表的指示为最大时所对应的频率就是谐振频率 f_0,该电压即为谐振点电压 U_M。分别计算 $0.9 \times U_M$、$0.8 \times U_M$、$0.7 \times U_M$,根据计算的电压值,找出该电压下所对应的频率值填入表,将测量的数据记录在表 4-7-3 中。

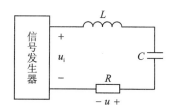

图 4-7-8 串联谐振实验线图

表 4-7-3 串联谐振电路幅频特性测量数据(1)记录表　　($R=51\ \Omega$)

f/kHz	f_{1-2}	f_{1-1}	f_1	f_{1+1}	f_{0-1}	f_0	f_{0+1}	F_{2-1}	f_2	f_{2+1}	f_{2+2}
U/V	$0.3U_M$	$0.5U_M$	$0.7U_M$	$0.8U_M$	$0.9U_M$	U_M	$0.9U_M$	$0.8U_M$	$0.7U_M$	$0.5U_M$	$0.3U_M$
$I/\text{mA}=U/R$											

(2) 测量电路的品质因数

电路保持在谐振状态,测量电容和电感元件上的电压,计算电路的品质因数 Q。

$$Q = \frac{U_C}{U_i} = \frac{U_L}{U_i}$$

(3) 测量谐振电路的通频带宽度

调节信号发生器的频率,在谐振频率两侧找出 $U=0.7U_M$ 所对应的两个频率 f_1 和 f_2,记录在表 4-7-3 中,计算通频带 Δf。

(4) 按表 4-7-3 给出的 U 值测量相应的频率,完成谐振曲线的测量,在坐标纸上画出谐振曲线。

(5) 上述电路中 L、C 不变,$R=100\ \Omega$,重复上述实验,数据记示在表 4-7-4 中。

表 4-7-4 串联谐振电路幅频特性测量数据(2)记录表　　($R=100\ \Omega$)

f/kHz	f_{1-2}	f_{1-1}	f_1	f_{1+1}	f_{0-1}	f_0	f_{0+1}	F_{2-1}	f_2	f_{2+1}	f_{2+2}
U/V	$0.3U_M$	$0.5U_M$	$0.7U_M$	$0.8U_M$	$0.9U_M$	U_M	$0.9U_M$	$0.8U_M$	$0.7U_M$	$0.5U_M$	$0.3U_M$
$I/\text{mA}=U/R$											

4.7.5　注意事项

(1) 信号发生器的输出端不允许短接。

(2) 操作过程中,信号发生器和交流毫伏表不要频繁开关电源。
(3) 多台电子设备同时使用时,应注意各仪器的"地"要连接在一起。

4.7.6 思考题

(1) 谐振电路的谐振频率与输入信号的大小有关吗？输入信号的大小会影响电路的品质因数吗？进行简单说明。
(2) 画出一阶 RC 低通和高通电路的相频特性曲线。（定性画出曲线）

4.7.7 预习内容

(1) 明确本次实验的目的和实验所用的仪器设备。
(2) 一阶 RC 低通滤波电路和高通滤波电路的原理及其频率特性,传递函数和截止频率的表达式。
(3) RLC 串联谐振电路原理、频率特性、品质因数和通频带宽的表达式。

4.8 一阶 RC 电路过渡过程的研究

4.8.1 实验目的

(1) 观察一阶电路响应的波形,研究一阶电路方波响应的基本规律和特点；
(2) 掌握用示波器测定时间常数的方法；
(3) 进一步熟悉示波器和信号源的使用。

4.8.2 实验仪器与设备

(1) 函数信号发生器 TFG-2006G；
(2) 数字存储示波器 GW-806C；
(3) 电阻、电容、导线；
(4) 实验台：天煌教仪 DGJ-03A 或天科教仪 TKDG-23。

4.8.3 实验原理与说明

含有电感、电容储能元件的电路,其响应可由微分方程求得。当所得的微分方程为一阶微分方程时,相应的电路称为一阶电路。

一阶电路通常由一个储能元件和若干电阻组成。

(1) 储能元件在零状态下由外加激励引起的响应称为零状态响应（见图 4-8-1）。

一阶 RC 电路的零状态响应就是电容充电的过程,在充电过程中电容电压

$$u_C(t) = U_S(1 - e^{-t/\tau})$$

是一条随时间增长的指数曲线。式中 $\tau = RC$ 称为电路的时间常数,它反映了电容充电的快慢程度,在数值上 τ 等于电容电压从 0 增长到稳态值的 63.2% 所需要的时间。

(2) 储能元件在无信号激励时,由初始状态引起的响应称为零输入响应（见图 4-8-2）。

一阶 RC 电路的零输入响应就是电容放电的过程,在放电过程中电容电压

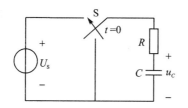 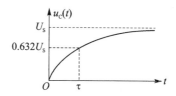

图 4-8-1　零状态响应 RC 电路及电压喘息应曲线

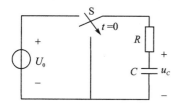 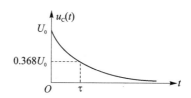

图 4-8-2　零输入响应 RC 电路及电压响应曲线

$$u_C(t) = U_0 e^{-t/\tau}$$

是一条随时间衰减的指数曲线。式中 $\tau=RC$ 称为电路的时间常数,它反映了电容放电的快慢程度,在数值上 τ 等于电容电压从初始值衰减到 36.8% 所需要的时间。

（3）当输入信号为周期方波时,一阶 RC 电路的方波响应就是电容充、放电过程。

① 若方波的半周期大于电路的时间常数,即 $t_p=(3\sim 5)\tau$,则电容电压的波形为一般的充、放电曲线（见图 4-8-3）。

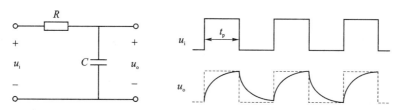

图 4-8-3　RC 电路方波激励及特性响应

② 若方波的半周期远远大于电路的时间常数,即 $t_p>10\tau$,则电阻电压的波形近似为输入波形的微分（见图 4-8-4）。

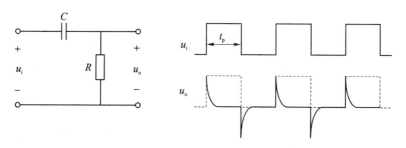

图 4-8-4　RC 微分电路及响应特性

③ 若方波的半周期远远小于电路的时间常数,即 $\tau>10t_p$,则电容电压的波形近似为输入波形的积分（见图 4-8-5）。

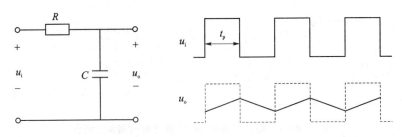

图 4-8-5 RC 积分电路及响应特性

4.8.4 实验任务与步骤

1. 观察一阶 RC 电路的零输入响应和零状态响应

实验电路如图 4-8-6 所示。

信号发生器输出幅度为 3 V，频率为 200 Hz 的方波信号 $u_i(t)$，用示波器 CH1 通道显示 2 个周期的波形。

固定电容 $C=0.1\ \mu F$，调节电阻 R 分别为 3 kΩ 和 5.1 kΩ，用示波器 CH2 通道测量并观察 $u_C(t)$ 的波形，将所测得的波形定量绘制在坐标纸上，按表 4-8-1 的要求记录相关数据。

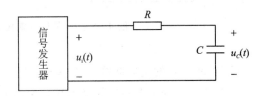

图 4-8-6 RC 电路实验线路

表 4-8-1 RC 一阶响应电路实验连接线路

参　数		波　形	示波器主要旋钮位置	
$u_i(t)$	$U=3$ V	（用坐标纸绘制）	TIME/DIV（水平挡位）	
	$f=200$ Hz	（另附坐标纸绘出）	VOLTS/DIV（垂直挡位）	
	$R=3$ kΩ $C=0.1\ \mu F$	（用坐标纸绘制） （另附坐标纸绘出）	TIME/DIV（水平挡位） VOLTS/DIV（垂直挡位）	
	$R=5.1$ kΩ $C=0.1\ \mu F$	（用坐标纸绘制） （另附坐标纸绘出）	TIME/DIV（水平挡位） VOLTS/DIV（垂直挡位）	

2. 测量一阶 RC 电路的时间常数

实验电路如图 4-8-6 所示。

信号发生器输出幅度为 3 V，频率为 200 Hz 的方波信号 $u_i(t)$，用示波器 CH1 通道显示 1 个周期的波形。

取电阻 $R=5.1$ kΩ，电容 $C=0.1\ \mu F$，用示波器 CH2 通道测量 $u_C(t)$ 的波形，将所测得的波形定量绘制在坐标纸上，在图上标出 τ 的准确位置，按表 4-8-2 的要求记录相关数据。

3. 积分电路

实验电路如图 4-8-6 所示。

信号发生器输出幅度为 3 V，频率为 1 000 Hz 的方波信号 $u_i(t)$，用示波器 CH1 通道显示 5 个周期的波形。

取电阻 $R=10$ kΩ,电容 $C=0.1$ μF,用示波器 CH2 通道测量 $u_C(t)$ 的波形,将所测得的波形定量绘制在坐标纸上,按表 4-8-3 的要求记录相关数据。

表 4-8-2 一阶 RC 电路时间常数测量数据记录表格

参数		波形	示波器主要旋钮位置		时间常数 τ	
					测量值	计算值
$u_i(t)$	$R=5.1$ kΩ $C=0.1$ μF	(另附坐标纸绘出)	TIME/DIV			
			VOLTS/DIV			

表 4-8-3 RC 积分电路实验数据记录表

参数		波形	示波器主要旋钮位置	
$u_i(t)$	$U=3$ V $f=1\,000$ Hz	(另附坐标纸绘出)	TIME/DIV	
			VOLTS/DIV	
	$R=10$ kΩ $C=0.1$ μF	(另附坐标纸绘出)	TIME/DIV	
			VOLTS/DIV	

4. 微分电路

实验电路如图 4-8-7 所示。

信号发生器输出幅度为 3 V,频率为 100 Hz 的方波信号 $u_i(t)$,用示波器 CH1 通道显示 5 个周期的波形。

取电阻 $R=1$ kΩ,电容 $C=0.1$ μF,用示波器 CH2 通道测量 $u_R(t)$ 的波形,将所测得的波形定量绘制在坐标纸上,按表 4-8-4 的要求记录相关数据。

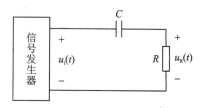

图 4-8-7 微分接线图

表 4-8-4 RC 微分电路实验数据记录表

参数		波形	示波器主要旋钮位置	
$u_i(t)$	$U=3$ V $f=1\,000$ Hz	(另附坐标纸绘出)	TIME/DIV	
			VOLTS/DIV	
	$R=10$ kΩ $C=0.1$ μF	(另附坐标纸绘出)	TIME/DIV	
			VOLTS/DIV	

4.8.5 实验注意事项

(1) 在了解示波器和信号发生器的使用方法之后再动手操作,旋动各旋钮和扳动各开关和按键时动作要轻,不要用力过猛。

(2) 在操作过程中示波器和信号发生器不要频繁开关仪器电源。

(3) 信号发生器的输出端不允许短接。

(4) 多台电子仪器同时使用时,应注意各仪器的"地"要连接到一起。

4.8.6 思考题

(1) RC 电路的时间常数对于过渡过程有什么影响？

(2) 根据实验观测结果和坐标纸上绘出的 RC 一阶电路充放电时 u_C 的变化曲线，由曲线测得 τ 值，并与参数值的计算结果作比较，分析误差原因。

4.8.7 预习内容

(1) 明确本次实验的目的和实验所用的仪器设备。

(2) 一阶电路的零状态响应、零输入响应基本原理。

(3) 一阶电路方波响应的三种电路图及对应的响应曲线。

第5章　电器控制实验

5.1　三相异步电动机的继电接触器控制

5.1.1　实验目的

(1) 了解常用控制电器的结构及工作原理；
(2) 了解三相异步电动机继电接触器控制系统的工作原理；
(3) 熟悉三相异步电动机正、反转控制电路的工作原理及其动作过程。

5.1.2　实验仪器与设备

(1) 三相鼠笼式异步电动机，380 V、1.2 A、180 W、1 430 r/min；
(2) 实验台：天煌教仪 D61 或天科教仪 TKDG-14；挂箱器件参数：交流接触器 220/380 V，热继电器 3 A，按钮 220/380 V；
(3) 导线。

5.1.3　实验原理与说明

就现代机床或其他生产机械而言，其运动部件大多是由电动机来带动的。因此，在生产过程中要对电动机进行自动控制，使生产机械各部件的动作按顺序进行。

对电动机主要是控制它的起动、停止、正反转、调速及制动。

对电动机的动作顺序实现自动控制的电路称为控制电路，由继电器、接触器及按钮等控制电器来实现自动控制的系统一般称为继电接触器控制系统。

5.1.4　实验任务与步骤

1. 三相异步电动机点动、连动控制

按图 5-1-1 连接实验电路。A、B、C 为三相电相线，Q 为实验台按钮开关，FU 为实验台保险装置。接线从 U、V、M 接线孔开始接出。

(1) 三相异步电动机点动控制

断开与按钮 SB_2 并联的 KM 辅助常开触点。

(2) 三相异步电动机连动控制

保留与按钮 SB_2 并联的 KM 辅助常开触点。

接通电源，按下起动按钮 SB_2，电机通电起动；松手后电机仍然通电运行。按下停车按钮 SB_1，电机立即断电。

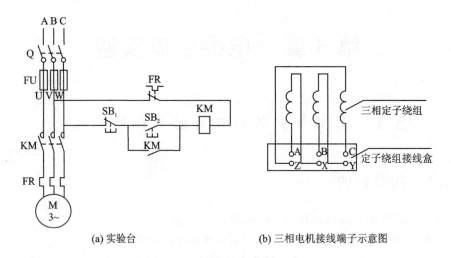

(a) 实验台　　　　　　　　　(b) 三相电机接线端子示意图

图 5-1-1　三相电动机起、停控制电路

2. 三相异步电动机正反转控制

(1) 继电器互锁方式

按图 5-1-2 连接实验电路。Q 为实验台起动按钮，FU 为实验台保险装置。接线从保险装置后接起（U、V、W 孔）。

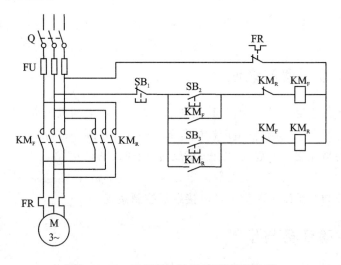

图 5-1-2　三相电动机正/反转控制电路

接通电源，按下正转按钮 SB_2，电机通电开始正转；按下停车按钮 SB_1，电机立即断电。

按下反转按钮 SB_3，电机通电开始反转；按下停车按钮 SB_1，电机立即断电。

(2) 按钮互锁方式

按图 5-1-3 连接实验电路。

接通电源，按下正转按钮 SB_2，电机通电开始正转；按下反转按钮 SB_3，电机开始反转；按下停车按钮 SB_1，电机立即断电。

按下反转按钮 SB_3，电机通电开始反转；按下正转按钮 SB_2，电机开始正转；按下停车按钮 SB_1，电机立即断电。

同时按下 SB_2 和 SB_3，电机不通电。

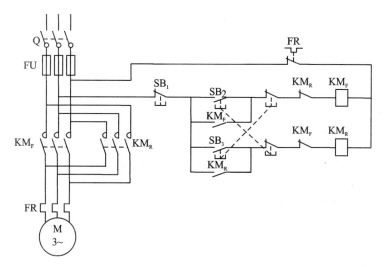

图 5-1-3　具有互锁功能的正反转控制电路

5.1.5　注意事项

（1）完成接线，经教师检查无误后方可通电实验。

（2）由正转转入反转或由反转转入正转时，要在电机转速接近零时再进行，避免起动电流太大，使电机过热。

（3）在正反转停车转换实验中，严禁同时按两个按钮 SB_2 和 SB_3。

5.1.6　思考题

（1）若用指示灯指示正、反转及停车，请画出指示灯控制电路。假设已有 36 V 指示灯电源（正转绿，反转黄，停车红）。

（2）在电动机正、反转控制线路中，为什么必须保证两个接触器不同时工作？采用哪些措施可解决此问题，这些方法有何利弊，最佳方案是什么？

5.1.7　预习内容

（1）明确本次实验的目的和实验所用的仪器设备。

（2）三相异步电动机点动、连动控制实验电路及基本工作原理。

（3）三相异步电动机正、反转控制的继电器互锁方式和按钮互锁方式的实验电路的动作过程。

5.2　电动机点动与长动控制电路的设计

5.2.1　实验目的

（1）熟悉电动机继电器控制的基本原理；

(2)了解交流接触器、继电器的基本结构,并熟悉它们的使用方法。

5.2.2 实验仪器与设备

(1)综合实验台:天科 TKDG-14 实验挂箱,天煌 DGJ-1A 实验挂箱;
(2)三相异步电动机;
(3)数字万用表。

5.2.3 实验设计要求

设计一个三相异步电动机点动与长动控制电路,并且可以互锁。

5.2.4 实验报告

(1)设计过程、基本原理、参数计算。
(2)实验测试过程、功能实现的验证、遇到的问题。
(3)结论体会。

5.2.5 思考题

(1)如何判断异步电动机的六个引出线,如何连接成 Y 形或△形,又根据什么来确定该电动机作 Y 接或△接?
(2)缺相是三相电动机运行中的一大故障,在起动或运转时发生缺相,会出现什么现象?有何后果?

5.3 三相电动机定时自动 Y/△ 变换起动电路的研究

5.3.1 实验目的

(1)了解三相异步电动机的工作原理及异步电动机的起动特性;
(2)了解交流电动机降压起动的几种方法,理解 Y/△变换降压起动电路的工作原理,熟悉并掌握时间继电器的使用方法;
(3)培养学生对基本控制电器的综合设计、调试和实践能力。

5.3.2 实验设备

(1)综合实验台:天科 TKDG-14 实验挂箱,天煌 DGJ-1A 实验挂箱;
(2)数字式万用表;
(3)自选元件。

5.3.3 设计要求

设计一个定时自动完成 Y/△变换的降压起动电路,用于对三相异步电动机的起动。
常规的设计思路是以时间继电器为核心,构成交流接触器控制系统。应用电子线路亦可实现"Y/△变换"的自动切换、延时与控制。自动切换的延时时间为 60 s。

注意：实验台上的时间继电器为通电延时型。

5.3.4　实验报告

(1) 设计过程、基本原理、参数计算。
(2) 实验测试过程、功能实现的验证、遇到的问题。
(3) 结论体会。

5.3.5　思考题

(1) 采用 Y/△降压起动对鼠笼电动机有何要求？
(2) 如果要用一只断电延时式时间继电器来设计异步电动机的 Y/△降压起动控制线路，试问三个接触器的动作次序应做如何改动？控制回路又应如何设计？

5.4　三相异步电动机的电子控制

5.4.1　实验目的

(1) 熟悉三相异步电动机电子控制电路的基本结构；
(2) 了解交流接触器、直流继电器的结构，并熟悉它们的使用方法；
(3) 明确强、弱电隔离的必要性，掌握强、弱电隔离的基本方法。

5.4.2　实验仪器与设备

(1) 综合实验装置；
(2) 电容、电阻（若干）。

5.4.3　预习要求

(1) 复习集成芯片 555 定时器的电气结构及原理功能。
(2) 复习交流接触器的结构及工作原理。
(3) 复习晶体三极管的开关工作原理。
(4) 复习鼠笼式三相异步电动机直接启动的控制线路。
(5) 根据实验内容计算所用电路的元件参数 R_1、R_2、C、T，完成预习报告。

5.4.4　实验原理

随着电子技术的进步，电动机的控制逐步向电子化方向发展，本实验是用电子线路实现三相异步电动机的延时控制和定时控制。

1. 延时控制电路

图 5-4-1 所示电路是由 555 定时器组成的延时控制电动机电路。

由 555 定时器和阻容元件构成了单稳态触发器，其工作原理可参考秦增煌主编的《电工学（第五版）》下册。由一个窄脉冲触发，可得到一个宽的矩形脉冲，其脉宽 $t_p \approx 1.1RC$。改变 R、C 的值可以控制输出波形脉宽，即可控制定时的时间。当 555 定时器的 3 脚输出为高电平时，

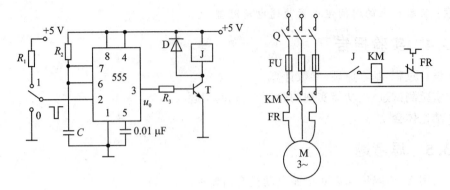

图 5-4-1 延时控制电路

三极管 T 导通，直流继电器 J 的线圈通过电流，使其常开触点闭合，交流接触器 KM 的线圈通过交流电流，使其常开触点 KM 闭合，三相异步电动机接通三相电压后旋转。经过 t_p 时间，555 的 3 脚输出变成低电平，三极管 T 截止，直流继电器线圈无电流流过，其常开触点恢复常开状态，将交流接触器的线圈断电，使其常开触点 KM 恢复常开状态，三相电动机停止转动。由上述可以看出，弱电部分与电动机组成的强电部分相隔离了。

2. 定时控制电路

图 5-4-2 所示电路是由 555 定时器组成的定时控制电动机电路。

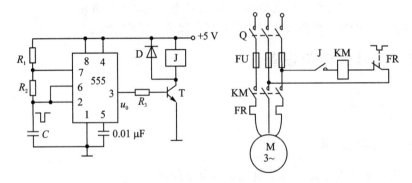

图 5-4-2 定时控制电路

由 555 定时器及阻容元件构成了单稳态触发器，其工作原理参见秦增煌主编的《电工学（第五版）》第 22 章的有关内容。其中 555 定时器的 3 脚电压 u_o 为高电平的时间为 $T_1=0.7C(R_1+R_2)$，为低电平的时间为 $T_2=0.7R_2C$。当 u_o 为高电平时，三极管 T 导通，直流继电器 J 的线圈通过电流，使其常开触点 J 闭合，交流接触器 KM 的线圈通电，使其常开触点 KM 闭合，电动机得电，电动机旋转。当 u_o 为低电平时，三极管截止，J 断开，KM 断开，电动机停止旋转。

5.4.5 实验内容

1. 三相异步电动机的电子延时控制

（1）按图 5-4-1 线路，先接好弱电部分，即把以 555 定时器为核心的控制电路接好（强电部分先不接）。接通 +5 V 电源，观察直流继电器的吸合情况，这时，它应按照延时的时间吸合和断开。记录延时时间，改变 R_1、C 的参数，对记录的运行结果进行比较。

(2) 确认控制部分可以正常工作后,将直流电源关掉。按图 5-4-1 连接强电部分。要确认接在强电线路中的是直流继电器的常开触点而不是直流继电器的线圈,否则将烧毁直流继电器。

(3) 经指导教师检查同意后接通电源,先接通直流电源,然后接通三相电源,观察电动机的工作情况。

2. 三相异步电动机的电子定时控制

(1) 按图 5-4-2 线路,先接好弱电部分,即把以 555 定时器为核心的控制电路接好(强电部分先不接)。接通+5 V电源,观察直流继电器的吸合、关断情况,这时,它应按照定时的时间吸合和断开,确认控制部分可以正常工作后,将直流电源关掉。

(2) 按图 5-4-2 连接强电部分。

(3) 经指导教师检查同意后接通电源,先接通直流电源,然后接通三相电源,观察电动机的定时控制工作过程。

记录定时时间变化和元器件的参数之间的关系。

实验内容 1、2 可以任选一项。

强电电路可以用 12 V电源和小灯泡及直流继电器的常开开关(jk)替代。或者自行设计电路替代。

5.4.6 注意事项

本次实验是强、弱电相结合的实验,要注意用电安全。不可带电操作,更改线路必须断电后操作。

5.4.7 思考题

(1) 讨论强弱电隔离的必要性。

(2) 讨论电阻 R 和电容 C 参数变化,对延时和定时时间的影响,并和实验记录数据比较,分析说明定时时间变化和元器件的参数之间的关系。

5.5 电子式三相异步电动机缺相保护电路的设计

5.5.1 实验目的

(1) 了解三相异步电动机的工作原理,理解缺相运行对异步电动机造成的危害;

(2) 利用交流电动机在缺相状态运行的电流非对称性;电动机在缺相或过载运行时电流超过额定值,从而获得信号,利用电子线路进行处理,以实现保护控制功能;

(3) 培养学生解决实际问题的综合设计、调试和实践能力。

5.5.2 实验设备

(1) 综合实验台:天科 TKDG-14 实验箱,天煌 DGJ-1A;

(2) 数字式万用表;

(3) 自选元件。

5.5.3 设计要求

设计一个能检测三相正弦交流电源缺相故障的电路,用于控制电动机的运行。

当三相异步电动机正常运行时,三相电源必须是相位对称的三相交流电,若出现缺相故障,则电动机定子绕组不产生旋转磁场,即单相运行。本实验所设计电路能在三相电源缺相情况下自动切断电动机供电电源,以保护电动机不受损害。

参考使用器件:运放、555 定时器、逻辑芯片、三极管等。

5.5.4 实验报告

(1) 设计过程、基本原理、参数计算。
(2) 实验测试过程、功能实现的验证、遇到的问题。
(3) 结论体会。

第6章 电子技术实验

6.1 晶体管单管放大电路

6.1.1 实验目的

(1) 学习放大电路静态工作点的调试和测量方法,分析静态工作点对放大电路性能的影响,观察非线性失真;
(2) 掌握放大电路动态性能(电压放大倍数、输入电阻、输出电阻)的测试方法;
(3) 熟悉常用仪器、仪表的使用。

6.1.2 实验仪器与设备

(1) 综合实验台:天煌教仪 D73-2A,天科教仪 GMD-1;
(2) 功率函数信号发生器 TFG-2006G;
(3) 数字交流毫伏表 SM1020;
(4) 数字示波器 GW-806C;
(5) 数字式万用表 DY-2101。

6.1.3 实验原理与说明

1. 放大电路静态工作点的调试与测量

(1) 静态工作点

静态工作点是指 $u_i=0$ 时电路中直流电流 I_B、I_C 和直流电压 U_{CE}。测试静态工作点时应在输入端短路情况下,用直流电流表和直流电压表分别测量相应电流和电压。一般为了避免断开集电极,常采用测 R_C 电压算出电流的方法。为提高测量精度,应选用内阻较高的直流电压表。

(2) 静态工作点的调试

静态工作点是否合适,将直接影响放大电路的工作性能。静态工作点过低,放大电路易产生截止失真;静态工作点过高,放大电路易产生饱和失真,所以要求静态工作点必须合适。为了评估静态工作点合适与否,常在输入端加入一定的交流信号 u_i,检测输出电压 u_o 的大小和波形形状,如不满足要求,则调节静态工作点的位置(见图 6-1-1)。通常采用调节偏置电阻 R_{B2} 的方法改变静态工作点。如减小 R_{B2} 可以提高基极电位,增加 I_B,提高静态工作点。随着输入电压的增加,为满足放大电路能够获得较大不失真输出电压幅度的要求,静态工作点应尽量选在交流负载线的中点附近(见图 6-1-2)。

2. 动态性能指标测试

(1) 电压放大倍数 A_u 的测量

调整放大电路使之有合适的静态工作点,加入输入电压 u_i,在保证输出电压 u_o 不失真的

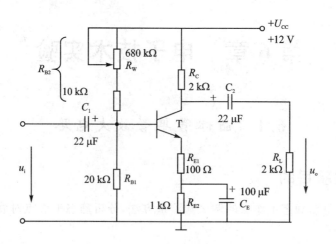

图 6-1-1 分压式偏置放大电路

情况下,用交流毫伏表测出输入、输出电压的有效值 U_i 和 U_o,则 $|A_u| = \dfrac{U_o}{U_i}$,并用双踪示波器观察输入、输出电压的相位关系。

(2) 输入电阻 r_i 的测量

在输入信号与被测放大电路之间加入一已知电阻 R,如图 6-1-3 所示。

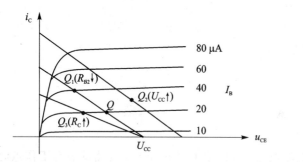

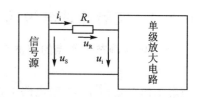

图 6-1-2 电路参数对静态工作点的影响　　图 6-1-3 测量输入电阻的电路

测量信号源两端电压 U_s,放大电路输入电压 U_i,则输入电阻

$$r_i = \frac{U_i}{I_i} = \frac{U_i}{\dfrac{U_R}{R}} = \frac{U_i}{U_s - U_i} R$$

注:U_s、U_i、U_R、I_i 分别为 u_s、u_i、u_R、i_i 的有效值。

测量时应注意:

① 电阻 R 两端没有电路公共接地点,所以必须通过测量 U_s,然后再计算出 $U_R(U_R = U_s - U_i)$;

② 电阻 R 不宜过大或过小,以免产生较大的测量误差。R 与 r_i 在同一数量级为好,本实验取 $R = 2\ \mathrm{k\Omega}$。

(3) 输出电阻 r_o 的测量

在放大电路正常工作的条件下,测出放大器输出端在开路时输出电压有效值 U_{OC} 和接入负载 R_L 后的输出电压有效值 U_{OL},则输出电阻

$$r_\text{o} = \left(\frac{U_\text{OC}}{U_\text{OL}} - 1\right)R_\text{L}$$

6.1.4 实验任务与步骤

1. 测量静态工作点

实验电路如图 6-1-1 所示。接通电源前,先将 R_W 调至最大(顺时针调到底),不接信号发生器。接入直流电源 +12 V,调节 R_W,使 $V_\text{E} = 1.38$ V 左右,然后用直流电压表测量三极管基极电压 V_B、三极管集电极电压 V_C、三极管发射极电压 V_E 填入表 6-1-1。

表 6-1-1 静态工作点的测量

测量值			计算值		
V_B/V	V_E/V	V_C/V	V_BE/V	V_CE/V	I_C/mA

2. 测量电压放大倍数

在放大电路输入端加入频率为 1 kHz、有效值 $U_\text{i} = 50$ mV 的正弦交流信号,同时用示波器观察放大电路输出电压 u_o 的波形,在波形不失真的条件下,用交流毫伏表测量下述三种情况下的 u_o 值,并用双踪示波器观察输入/输出电压之间的相位关系,记入表 6-1-2 中。(**注意**:信号源和示波器的黑夹子一定要接地)

表 6-1-2 电压放大倍数的测量

R_C/kΩ	R_L/kΩ	u_o/V	A_u
2	∞		
2	2		
3	∞		

3. 观察静态工作点对放大电路的影响

当 $R_\text{C} = 3$ kΩ,$R_\text{L} = 2$ kΩ,有效值 $U_\text{i} = 50$ mV 时,分别增加 R_W(顺时针调)和减小 R_W(逆时针调),使波形出现失真,绘出 u_o 波形,并测出失真情况下的三极管发射极电压 V_E 和集电极和发射极间电压 V_CE 值,记入表 6-1-3 中。**注意**:每次测直流电压时都要先断开输入信号。

*4. 放大电路输入电阻的测量

根据实验原理及说明中介绍的方法测量放大电路的输入电阻。在信号源输出和放大器的输入端串接电阻 $R_\text{S} = 2$ kΩ,调整信号源(U_S)输出,使放大器的输入信号 $U_\text{i} = 50$ mV,相关数据填入表 6-1-4 中,并将测量所得的数据和理论计算值进行对比。借助表 6-1-2 中第三组、第四组测量数据(输入不变,在放大器输入端串联一电阻 $R_\text{S} = 2$ kΩ,输入 50 mV 不变,输出开路)也可测得输入电阻。

*5. 放大电路输出电阻的测量

根据实验原理及说明中介绍的方法,借助表 6-1-2 中第一组、第二组测量数据(输入不变,$R_C=2\ \mathrm{k\Omega}$不变,输出开路及接负载电阻 2 kΩ)填入表 6-1-5 中,并将测量所得的数据和理论计算值进行对比。

表 6-1-3 观测放大电路的工作状态

V_E/V	V_{CE}/V	u_o 波形	失真情况	晶体管工作状态
1.38			不失真	放大

表 6-1-4 放大电路输入电阻的测量

输入电阻测量			
U_S/mV	U_i/mV	r_i/kΩ	
		测量值	理论计算值

表 6-1-5 放大电路输出电阻的测量

输出电阻测量			
U_{OC}/V	U_{OL}/V	r_o/kΩ	
		测量值	理论计算值

6.1.5 实验注意事项

(1) 为防止干扰,连接线路的导线尽可能的短,电子仪器的公共端必须连在一起。信号源、交流毫伏表和示波器的引线采用专用电缆线或屏蔽线,并将它们的外包金属网接在公共接地端(黑色夹子)。

(2) 区分电源($+U_{CC}$)与信号源(u_i)、静态值和动态值。测静态值和动态值时注意选用合适的仪表,即测静态值时用直流电压表,测量动态值时用交流毫伏表,并注意测静态值时信号源的处理办法。

6.1.6 思考题

(1) 放大电路放大的是直流信号还是交流信号?如果放大的是交流信号为何还要设置合适的静态工作点?进一步理解静态工作点的作用。此电路能否放大直流信号,为什么?

(2) 测量静态工作点、测量输入信号、输出信号时都用什么仪表?

6.1.7 预习要求

(1) 仔细阅读教材中有关单管放大电路的内容及实验内容。
(2) 计算实验电路的静态参数(在 $V_E=1.38$ V 时的 V_B,V_C)和电压放大倍数。计算时电路元件参数如图 6-1-1,三极管电流放大系数 $\beta \approx 100$。

6.2 集成运算放大器的应用

6.2.1 实验目的

(1) 了解运算放大器的使用方法;
(2) 学习运算放大器在信号运算电路方面的应用;
(3) 了解运算放大器在非线性状态的应用及输出电压特点。

6.2.2 实验仪器与设备

(1) 综合实验台:天煌教仪 D73-2B,天科教仪 GMD-2;
(2) 功率函数信号发生器 TFG-2006G;
(3) 数字交流毫伏表 SM1020;
(4) 数字示波器 GW-806C;
(5) 数字式万用表 DY-2101。

6.2.3 实验原理与说明

运算放大器是一个具有高开环电压放大倍数、高输入电阻、低输出电阻的多级直接耦合放大电路。由于它具有体积小、可靠性高、通用性强等优点,因而在控制与测量技术中得到广泛应用。除可以方便地完成比例、加、减、积分、微分等数学运算,还可用作信号测量、电压比较、波形转换及多种类型的函数发生器等。

集成运算放大器工作区域分为线性区和非线性区。线性区是指运算放大器的输出电压与输入电压之间为线性关系。由于开环状态下运算放大器的电压放大倍数极高,所以只有在加入深度负反馈的条件下,才能保证运算放大器工作在线性区。当集成运放工作在开环状态或加有正反馈时,输出电压与输入电压不再保持线性关系,即运算放大器工作在非线性区。由于运算放大器的开环电压放大倍数极高,只要在输入端之间有微小的电压差,输出电压就会达到饱和。

- 当 $U+>U-$ 时,U_o 达到正饱和值 $+U_{osat}$(此值接近集成运放的正电源值);
- 当 $U+<U-$ 时,U_o 达到负饱和值 $-U_{osat}$(此值接近集成运放的负电源值)。

集成运放的非线性特性,在数字技术和自动控制系统中得到广泛应用。

本实验采用 LM741(μA741)双列直插式单运算放大器,其外引线排列如图 6-2-1 所示,各引脚功能如图 6-2-2 所示,其中 8 脚为空脚。

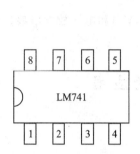

图 6-2-1 LM741 外形与管脚标号

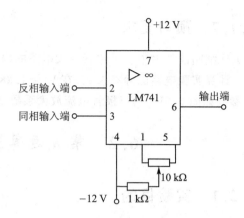

图 6-2-2 LM741 各管脚功能

6.2.4 实验任务与步骤

1. 集成运算放大器的线性应用

首先熟悉 LM741 插件的引脚及相关实验线路的连接。注意 7 脚接电源 +12 V、4 脚接电源 -12 V,下同。

调零:由于输入失调电压和输入失调电流的影响,当运放的输入电压为零时输出电压往往不为零,所以使用运放时必须先调零。

根据实验要求连接电路,接通电源,令所有输入信号为零(将所有输入端接地),调节调零电位器,使输出电压为零($U_o=0$,$-5\text{ mV}<U_o<5\text{ mV}$),调好后保持电位器旋钮位置不变,直到电路结构改变为止。

(1) 反相比例运算

电路如图 6-2-3 所示,根据电路结构可导出下列关系式 $U_o = -\dfrac{R_F}{R_1}U_i$ 通过改变 R_F、R_1 便可得到不同的比例系数即电压放大倍数。

根据表 6-2-1、表 6-2-2 中所给的数据改变电路电阻及输入,测试相应的输出电压,与理论计算值比较。注意平衡电阻 R_2 的取值,$R_2 \approx R_1 // R_F$。

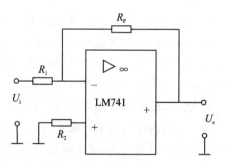

图 6-2-3 反相比例运算电路

表 6-2-1 反相比例(1)($R_F=100\text{ k}\Omega$; $R_1=10\text{ k}\Omega$)

U_i/V	0	0.5	-0.5
U_o/V 测量值			
U_o/V 计算值			

表 6-2-2 反相比例(2)($R_F=100\text{ k}\Omega$; $R_1=100\text{ k}\Omega$)

U_i(V)	0	2	-2
U_o/V 测量值			
U_o/V 计算值			

(2) 同相比例运算

电路如图 6-2-4 所示,根据电路结构可导出下列关系式 $U_o = \left(1+\dfrac{R_F}{R_1}\right)U_i$ 通过改变

R_F、R_1 便可得到不同的比例系数即电压放大倍数。

根据表 6-2-3 中所给的数据改变电路电阻及输入,测试相应的输出电压,与理论计算值比较。**注意**:平衡电阻 R_2 的取值,$R_2 \approx R_1 / \! / R_F$。

当同相比例运算电路的比例系数为 1 时,输出电压与输入电压相等 $U_o = U_i$,称电压跟随器。如图 6-2-5 所示,根据表 6-2-4 给的数据改变电路电阻及输入,测试相应的输出电压,与理论计算值比较。

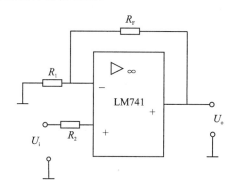 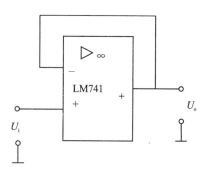

图 6-2-4　同相比例运算电路　　　　　图 6-2-5　电压跟随器

表 6-2-3　同相比例运算($R_F = 100 \text{ k}\Omega$　$R_1 = 10 \text{ k}\Omega$)

U_i/V	0	0.5	−0.5
U_o/V 测量值			
U_o/V 计算值			

表 6-2-4　同相比例运算之电压跟随器($R_F = 0$　$R_1 = \infty$ 开路)

U_i/V	0	2	−2
U_o/V 测量值			
U_o/V 计算值			

*2. 集成运放的非线性应用

(1) 过零电压比较器

过零电压比较器见图 6-2-6。根据表 6-2-5 中所给的数据测试输出电压,并将测量结果填入表 6-2-5 中。

再将输入端接正弦交流信号 u_i,有效值为 $U_i = 2$ V,用双踪示波器的两个通道同时观测输入、输出波形。画出输入、输出电压波形。

通过实验结果或查阅相关教材,给出过零比较器的电压传输特性曲线。

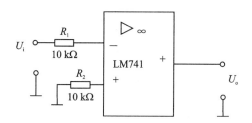

图 6-2-6　过零电压比较器

表 6-2-5　过零电压比较器

U_i(V)	$U_i(V) > 0 (U_i = 1 \text{ V})$	$U_i(V) < 0 (U_i = -1 \text{ V})$
$U_o(V)$		

(2) 电压比较器(参考电压不为零)

电压比较器(参考电压不为零)如图 6-2-7 所示。

输入电压与参考电压比较,参考电压可正可负。当 $U_i > U_R$ 时,输出为 $-U_{Osat}$;当 $U_i < U_R$ 时输出为 $+U_{Osat}$。

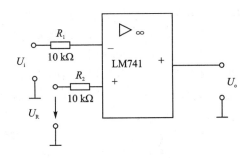

图 6-2-7 电压比较器

将 U_R 接到可调直流信号源上,先将直流信号源的电压调到 0,输入端 u_i 接一正弦交流信号,有效值为 $u_i = 2$ V,$f = 1\,000$ Hz,用示波器观察输出波形,轻轻调整输入直流信号 U_R 的大小,观察波形的变化,当输出波形的占空比近似为 2:3 时,测量输入的直流信号 U_R 的值,画出此时的输入、输出波形。通过实验结果或查阅相关教材,给出该比较器的电压传输特性曲线。

将电压比较器的参考电压 U_R 与输入电压 u_i 对调,则电压传输特性有何变化?在输入波形和参考电压不变的情况下,用示波器观察输入波形和输出波形,注意观察输出波形有何变化?画出相应电路和输入/输出波形。

6.2.5 注意事项

(1) 集成运放的电源电压一定要正确,正负极性不能接错。
(2) 注意区分芯片上各引脚功能。
(3) 每次电路连接后要先调零。

6.2.6 思考题

(1) 运放在线性应用时,如何理解虚短和虚断的概念,如果将反相输入端和同相输入端真的短路,运放是否还能正常工作?
(2) 运放在线性应用时,以反相比例运算为例,为什么输出电压只与外接元件及输入电压有关,与运放本身的参数无关?

6.2.7 预习要求

(1) 学习教材中有关集成运算放大电路的有关知识,掌握运放线性及非线性应用时的分析依据。
(2) 查清本次实验中所使用的集成组件的型号及引脚功能使用方法。
(3) 熟悉实验台中输入信号的使用方法及输出信号的测量方法。
(4) 写出完整预习报告,预习报告内容包括实验目的、实验设备与仪器、实验原理、实验电路、实验任务与步骤、必要的理论计算和数据表格。

6.3 集成门电路及其应用

6.3.1 实验目的

(1) 熟悉并掌握各种 TTL 门电路的逻辑功能及测试方法;

(2) 理解异或门的工作原理;
(3) 理解加法器等常用组合逻辑电路的工作原理。

6.3.2 实验仪器与设备

(1) 网络综合实验台:天科 GSD-1 挂箱,+5 V 电源(实验台右下角),
天煌 D72-2A 挂箱,+5 V 电源(DGJ-07-02A);
(2) 相关集成逻辑芯片;
(3) 数字式万用表 DY-2101。

6.3.3 实验原理与说明

在数字逻辑电路中,与非门、或非门、异或门是应用较普遍的单元电路。加法器、减法器、奇偶校验器则是经常用到的基本逻辑电路。

1. 与非门

其逻辑符号如图 6-3-1 所示,真值表见表 6-3-1。

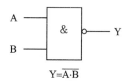

图 6-3-1 与非门

表 6-3-1 与非逻辑状态表

输入		输出
A	B	Y
0	0	1
0	1	1
1	0	1
1	1	0

2. 或非门

其逻辑符号如图 6-3-2 所示,真值表见表 6-3-2。

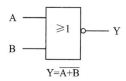

图 6-3-2 或非门

表 6-3-2 或非逻辑状态表

输入		输出
A	B	Y
0	0	1
0	1	0
1	0	0
1	1	0

3. 异或门

其逻辑符号如图 6-3-3 所示,真值表见表 6-3-3。

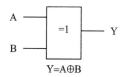

图 6-3-3 异或门

表 6-3-3 异或逻辑状态表

输入		输出
A	B	Y
0	0	0
0	1	1
1	0	1
1	1	0

4. 半加器

半加器是能完成两个一位二进制数加法的逻辑电路,它做加法时只考虑本位和,不考虑从低位来的进位,所以适于做最低位的加法计算。A、B为待加数,S为半加和,C为向高一位的进位。其逻辑电路如图6-3-4所示,真值表见表6-3-4。

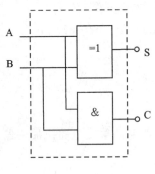

图6-3-4 半加器

表6-3-4 半加器逻辑状态表

输入		输出	
A	B	C	S
0	0	0	0
0	1	0	1
1	0	0	1
1	1	1	0

本位和的逻辑表达式 $S=A\oplus B$ 本位和进位的逻辑表达式 $C=A\cdot B$。

5. 奇偶校验器

当数据在传送或交换过程中,有时可能发生错误。检验其是否发生错误的一种方法是进行奇偶校验,而能够完成对数据中"1"的总个数是奇数还是偶数进行检验的电路称为奇偶校验器。其逻辑电路如图6-3-5所示,真值表见表6-3-5。

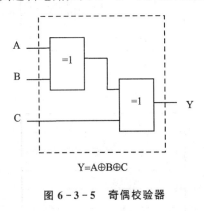

图6-3-5 奇偶校验器

表6-3-5 奇偶校验器逻辑状态表

输入			输出
A	B	C	Y
0	0	0	0
0	0	1	1
0	1	0	1
0	1	1	0
1	0	0	1
1	0	1	0
1	1	0	0
1	1	1	1

6.3.4 实验任务与步骤

1. 组合逻辑单元电路功能测试

(1) 与非门

实验线路如图6-3-6,集成门可选74LS00(四2输入与非门)74LS20(双4输入与非门),根据表中给出的输入状态,测试与非门的输出状态。

输入信号当A=0时,对应A点电位$V_A=0$ V;A=1时,对应A点电位$V_A=+5$ V(B点同理)。用逻辑电平开关输入逻辑组合,用逻辑显示电路显示逻辑状态,发光管亮为逻辑状态"1",灭为逻辑状态"0",数据填入表6-3-6中。

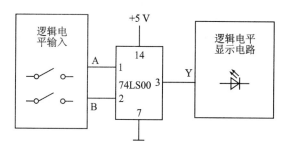

表 6-3-6　与非门逻辑状态测试

输入		输出		
A	B	Y	输出电压 V_Y	带发光管 V_Y
0	0			
0	1			
1	0			
1	1			

图 6-3-6　与非门测试电路

(2) 或非门

实验线路如图 6-3-7,集成门可选 74LS02(2 输入四或非门),根据表中给出的输入状态,测试或非门的输出状态填入表 6-3-7 中。

输入信号当 A=0 时,对应 A 点电位 $V_A=0V$;A=1 时,对应 A 点电位 $V_A=+5V$(B 点同)。

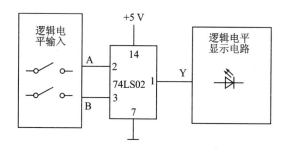

表 6-3-7　或非门逻辑状态测试

输入		输出		
A	B	F	输出电压 V_Y	带发光管 V_Y
0	0			
0	1			
1	0			
1	1			

图 6-3-7　或非门测试电路

(3) 异或门

实验线路如图 6-3-8,集成门可选 74LS86(2 输入四异或门),根据表中给出的输入状态,测试异或门的输出状态填入表 6-3-8 中。

输入信号当 A=0 时,对应 A 点电位 $V_A=0V$;A=1 时,对应 A 点电位 $V_A=+5V$(B 点同)。

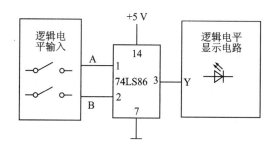

表 6-3-8　异或门逻辑状态测试

输入		输出		
A	B	Y	输出电压 V_Y	带发光管 V_Y
0	0			
0	1			
1	0			
1	1			

图 6-3-8　异或门测试电路

2. 组合逻辑基本电路逻辑功能验证

(1) 半加器

实验电路如图 6-3-4 所示,验证逻辑功能填入自拟表格中。

(2) 奇偶校验器

实验电路如图 6-3-5 所示，验证逻辑功能填入自拟表格中。

6.3.5 实验注意事项

(1) 集成芯片的电源电压不能接错，芯片不允许自行插拔。
(2) 注意区分芯片型号及各引脚的功能。

6.3.6 思考题

(1) 与非门和或非门中不使用的输入引脚应如何处理？
(2) 实验中给出的是三位奇偶校验电路，如果是四位奇偶校验器将如何设计？写出逻辑表达式，画出电路图标明引脚号。

6.3.7 预习要求

(1) 学习教材中有关组合逻辑电路的有关知识，掌握各逻辑单元的功能。
(2) 查清本次实验中所使用的集成组件的型号及引脚功能使用方法。
(3) 熟悉实验台输入逻辑电平和显示逻辑电平电路的使用方法及输出信号的测量方法。
(4) 根据实验报告的要求画出必要的电路图及引脚连线图和表格。

6.4 两级负反馈放大电路

6.4.1 实验目的

(1) 学习多级放大电路的级间阻容耦合方式及静态工作点的调试方法；
(2) 进一步理解负反馈对放大电路各项性能指标的影响；
(3) 进一步熟悉相关电子仪器的使用。

6.4.2 实验仪器与设备

(1) 综合实验台：天煌教仪 D73-2A，天科教仪 GMD-1；
(2) 功率函数信号发生器 TFG-2006G；
(3) 数字交流毫伏表 SM1020；
(4) 数字示波器 GW-806C；
(5) 数字式万用表 DY-2101。

6.4.3 实验原理与说明

在放大电路中引入负反馈后，净输入信号减小，从而导致输出信号减小，放大倍数降低。然而负反馈的引入，能在多方面改善放大电路的动态性能指标，包括稳定静态工作点、改变输入输出电阻、减小非线性失真和扩展通频带等，所以几乎所有的实用放大电路都带有负反馈，负反馈在电子电路中应用非常广泛。

图 6-4-1 为带有负反馈的两级阻容耦合放大电路。在电路中通过 R_f 支路将输出电压

引回到输入端,加在晶体管 T_1 的发射极,此反馈为交流电压串联负反馈。此外,R_{E12} 构成第一级的交、直流负反馈;R_{E11}、R_{E2} 分别构成本级的直流负反馈(稳定静态工作点)。本实验主要讨论级间负反馈 R_f 对放大电路的影响。

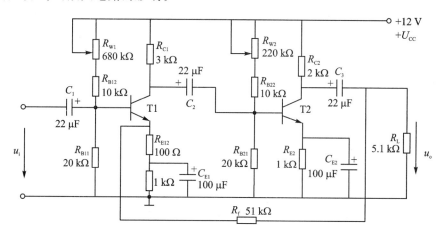

图 6-4-1　带有负反馈的两极阻容耦合放大电路

6.4.4　实验任务与步骤

1. 测试静态工作点

按图 6-4-1 连接实验电路,取 $U_{CC}=+12$ V,$u_i=0$(不接信号源),调 R_{W1} 用直流电压表测三极管 T1 的集电极电位 V_{T1C},使 V_{T1C} 为 6～8 V。调 R_{W2} 用直流电压表测 V_{T2C},使 V_{T2C} 为 6～8 V。将 R_f 支路断开,在输入端加入 $u_i=2$ mV、$f=1$ kHz 的交流信号。用示波器观察放大电路的第一级输出波形,微调 R_{W1} 使波形不失真且幅值较大。然后用示波器观察第二级输出波形,微调 R_{W2} 使波形不失真且幅值较大,至此静态工作点调整完毕。令 $u_i=0$(将信号发生器除去),用直流电压表测各点电位,将数值填入表 6-4-1 中,计算相应的 U_{BE}、U_{CE}、I_C 填入表 6-4-1 中。

表 6-4-1　静态工作点测试

工作点 级数	测量值			计算值		
	V_{TB}/V	V_{TC}/V	V_{TE}/V	U_{BE}/V	U_{CE}/V	I_C/mA
第一级						
第二级						

2. 电压放大倍数的测量

保持上述电路静态工作点不变,再加入 $u_i=2$ mV、$f=1$ kHz 的交流信号,根据表 6-4-2 中所给定的不同条件,用示波器观察各级输出,在确保无失真的情况下用数字交流毫伏表测相应的 U_i、U_{o1}、U_{o2} 填入表 6-4-2 中,计算各级放大倍数。注意观察输入输出相位关系。

3. 幅频特性的测试

放大电路的放大倍数随频率变化的关系称放大电路的幅频特性,如图 6-4-2 所示。从图中可见中频段值最大,曲线较平坦,即中频段的放大倍数基本不变,而低频段和高频段的放大倍数都要减小。通常把放大倍数下降到最大值的 0.707 时的频率分别称为放大电路的下限频率 f_L 和上限频率 f_H。之间的频率范围 Δf 叫做放大电路的通频带。放大电路引入负反馈可以展宽通频带。在空载情况下,保持上述静态工作点和输入信号不变,在去掉 R_f 反馈支路和加入 R_f 反馈支路两种情况下,测试上限频率 f_H 和下限频率 f_L 并计算通频带 Δf。放大电路的通频带 $\Delta f = f_H - f_L$。

表 6-4-2　电压放大倍数的测量

R_L	测量值			计算值		
	U_i	U_{o1}	U_{o2}	A_{u1}	A_{u2}	A_u
$R_L=\infty$(断开 R_f 反馈支路)						
$R_L=5.1\ \text{k}\Omega$(断开 R_f 反馈支路)						
$R_L=5.1\ \text{k}\Omega$(加入 R_f 反馈支路)						

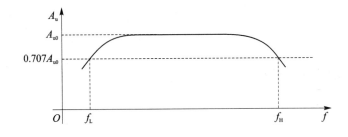

图 6-4-2　放大电路的幅频特性

(1) 无反馈时上限频率 f_H 和下限频率 f_L 的测定

断开 R_f 反馈支路,$R_L=\infty$、$U_i=2\ \text{mV}$、$f=1\ \text{kHz}$。用示波器观察输出电压波形,在不失真的情况下,用数字交流毫伏表测量 U_O 的数值,这就是放大电路在中频段输出电压之值,此时电压放大倍数为 A_{u0}。保持 $U_i=2\ \text{mV}$ 不变,只改变输入信号的频率,测出上限频率和下限频率。首先将输入信号频率从 $f=1\ \text{kHz}$ 逐渐升高,直到输出电压下降至 $0.707U_O$ 为止。此时信号频率即为上限频率 f_H。然后将输入信号频率从 $f=1\ \text{kHz}$ 逐渐减小,直到输出电压下降至 $0.707U_O$ 为止。此时信号频率即为下限频率 f_L。

(2) 有负反馈时上限频率和下限频率的测定

接入反馈电阻 $R=51\ \text{k}\Omega$,$R_L=\infty$、$U_i=2\ \text{mV}$、$f=1\ \text{kHz}$。重复上述步骤测出有反馈时上限频率 f_H 和下限频率 f_L,将所测数据记入表 6-4-3 中。

表 6-4-3　放大电路的通频带测试

R_L	测量值 中频段		下限频率 f_H	上限频率 f_L	通频带 Δf
	输出电压 U_O	电压放大倍数 A_{uO}			
$R_L=\infty$(断开 R_f 反馈支路)					
$R_L=\infty$(加入 R_f 反馈支路)					

比较两种情况下通频带的大小,总结负反馈对放大电路通频带的影响。

*4. 负反馈对放大电路非线性失真的改善

断开 R_L，$U_i=2$ mV，$f=1$ kHz，用示波器观察输出电压波形，此时静态工作点已经调好，所以波形较好。逐渐增大输入信号的幅度，使输出波形出现一定程度的失真。然后加入 R_f 反馈支路，注意波形的变化，观察负反馈的效果，并记录两种情况下的波形。

*5. 负反馈对放大电路输入电阻和输出电阻的影响

根据实验 6.1 中有关输入电阻和输出电阻的测量方法，自行设计有关负反馈对放大电路输入电阻和输出电阻的影响的实验电路及相关表格，通过实验填入数据、得出结论。

6.4.5　实验注意事项

（1）布线时，尽可能用短线。
（2）使用示波器、信号源及数字交流毫伏表时，注意地线应接在公共端(共地)。
（3）分别使用测量仪器，避免相互干扰。
（4）测静态值和动态值时注意选用合适仪表，即测静态值时用直流电压表、测动态值时用数字交流毫伏表。

6.4.6　思考题

（1）在调整静态工作点时，R_f 的接入与否对放大电路有无影响，为什么？
（2）什么原因造成低频段和高频段放大电路的放大倍数的下降？如果要放大直流信号，能否采用阻容耦合放大电路？

6.4.7　预习要求

（1）学习教材中有关两级阻容耦合放大电路的特点，包括静态工作点的调整、电压放大倍数的计算、输入电阻和输出电阻的计算方法等。
（2）学习放大电路频率特性的基本知识，了解负反馈对放大电路性能的影响。
（3）写出完整预习报告，预习报告内容包括实验目的、实验设备与仪器、实验原理、实验电路、实验任务与步骤、必要的理论计算和数据表格。

6.5　直流稳压电源

6.5.1　实验目的

（1）观测单相桥式整流电路的输入、输出电压波形及数值关系；
（2）了解滤波电路的滤波作用；
（3）学习单片集成稳压电源块的使用方法。

6.5.2　实验仪器与设备

（1）综合实验台：天煌教仪 D73-2A，天科教仪 GMD-1；
（2）多抽头变压器；
（3）数字示波器 GW-806C；

(4) 数字式万用表 DY-2101;

(5) 交流毫伏表 SM-1020。

6.5.3 实验原理与说明

直流稳压电源是电子设备中不可缺少的部分,为得到直流电,除了用直流发电机外,目前广泛采用各种半导体器件构成的直流电源。

图 6-5-1 是半导体直流电源的原理方框图,它表示把交流电变换为直流电的过程。

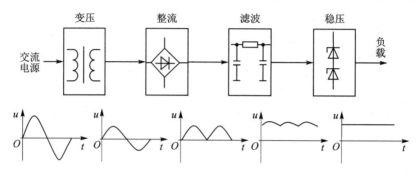

图 6-5-1 半导体直流电源的原理方框图

图 6-5-1 中各环节功能如下:

(1) 变压 变压是利用变压器将电网的交流电压变换成整流电路所需要的电压。

(2) 整流 整流是将交流电转换成单向脉动的直流电。主要有半波整流、全波整流、桥式整流,其中桥式整流电路是一种最常用的全波整流电路。如果接电阻性负载,在忽略整流电路内阻的情况下,输出直流电压 U_o 与整流变压器副方电压有效值 U 之间的关系为 $U_o=0.9U$。

(3) 滤波 整流电路输出的脉动直流电经滤波后可得到较为平稳的直流电。单相桥式整流电路采用电容滤波时,空载时的输出电压较高,可达 $U_o=1.4U$;接负载电阻后,由于电容的放电,输出电压的数值降低。R_L 值愈小,U_o 愈低。因此整流电路带电容滤波后,外特性较差,但空载输出电压较高。

(4) 稳压 为提高输出电压的稳定性,在滤波后常加稳压电路,如稳压管稳压电路和串联型稳压电路。稳压管稳压电路结构简单,但负载电流变化范围受到稳压管电流范围的限制,稳压效果范围小。而串联型稳压电源输出电流范围大,稳压效果好,但元件较多、电路较复杂。当前单片集成稳压电源块已经广泛应用。它具有体积小、可靠性高、使用灵活、价格低廉等优点。常用的单片集成稳压电源块有 W78** (输出正电压) 和 W79** (输出负电压) 等系列。W78** 和 W79** 的内部电路就是串联型晶体管稳压电路。这类集成块的最大输出电流一般在 0.8A~1A 之间。W78** 和 W79** 系列稳压块是输出固定的三端子稳压电源。例如 W7805 的输出电压是 +5 V,W7812 的输出电压是 +12 V,W7905 的输出电压是 -5 V,W7912 的输出电压是 -12 V。完整的实验电路如图 6-5-2 所示。

6.5.4 实验任务与步骤

1. 整流电路

*(1) 单相半波整流电路

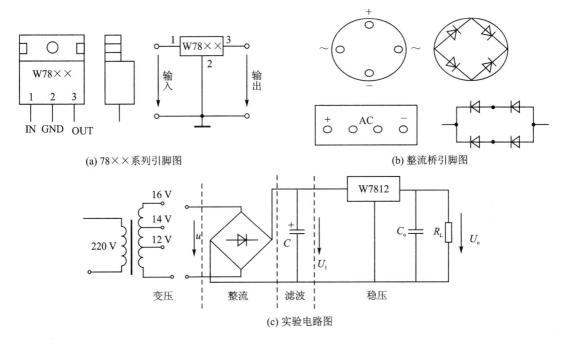

图 6-5-2 直流稳压电源实验电路

图 6-5-3 为单相半波整流电路,是最简单的整流电路。按表 6-5-1 改变整流电路输入电压 U(u 的有效值)和负载 R_L,用直流电压表测量输出电压,填入表 6-5-1 中。选表中第一种情况($U=6$ V,$R_L=51$ Ω),试用示波器观察整流电路输入、输出电压波形。比较电压形状和幅值关系,记录在表 6-5-1 中。将测量值和理论计算值进行比较,分析误差,观测的波形和教材上的分析是否一致。

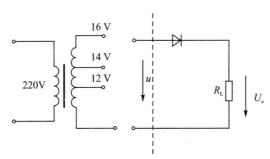

图 6-5-3 单相半波整流电路

表 6-5-1 单相半波整流电路测试

U/V	R_L/Ω	U_o 计算值	U_o 测量值	u 波形	u_o 波形
12	51				
	100				
14	51				
	100				

(2) 单相桥式整流电路

单相桥式整流电路是一种最常用的全波整流电路。四个整流二极管两个一组、一组轮流导通,所以在输入电压的每一个半波都有输出。与半波整流相比,输出直流电压提高,脉动减小。图6-5-4为单相桥式整流电路,注意四个二极管的极性。按表6-5-2改变整流电路输入电压U(u的有效值)和负载R_L。用直流电压表测量输出电压,填入表中。选表中第一种情况($U=12$ V,$R_L=51$ Ω),试用示波器观察整流电路输入、输出电压波形。比较电压形状和幅值关系,记录在表6-5-2中。将测量值和理论计算值进行比较,分析误差。观测的波形和教材上的分析是否一致。

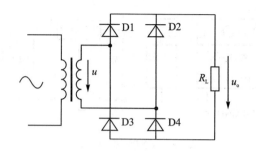

图6-5-4 桥式整流电路

表6-5-2 单相桥式整流电路测试

U/V	R_L/Ω	U_o计算值	U_o测量值	U_i波形	U_o波形
12	51				
12	100				
14	51				
14	100				

2. 单相桥式整流带电容滤波电路

图6-5-5为单相桥式整流带电容滤波电路,在单相桥式整流电路的负载端加滤波电容C,注意电容极性与输出电压极性一致。

按表6-5-3所列整流电路输入电压U(u的有效值)和负载R_L之不同组合。用直流电压表测量输出电压,填入表中。在表6-5-3中($U=14$ V,$R_L=51$ Ω)。试用示波器观察整流电路输入、输出电压波形。

比较电压形状和幅值关系,记录在表6-5-3中。将测量值和理论计算值进行比较,分析误差。观测的波形和教材上的分析是否一致。

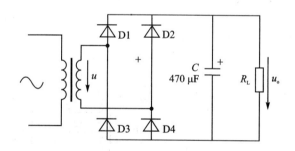

图6-5-5 单相桥式整流带电容滤波电路

表6-5-3 桥式整流带电容滤波电路

U/V	R_L/Ω	U_o计算值	U_o测量值	u_i波形	u_o波形
14	51				
14	100				
14	∞				

3. 稳压电路

稳压电路见图 6-5-6 直流稳压电源中虚线右侧部分。电路由集成三端稳压块、输入端电容 C 输出端电容 C_o 组成,C_0 用于抵消输入端较长接线的电感效应,防止自激振荡,C_0 一般在 $0.1 \sim 100~\mu F$ 之间。C 是为了瞬时增减负载电流时不致引起输出电压有较大波动,这里 C_o 选用 22 μF。实验中不可以不用。注意 W7812 的引脚。脚 1 为输入端、脚 2 为公共端、脚 3 为输出端。

(1) 测试电源电压波动及负载变化时直流稳压电源的稳压系数 S_U 和电压调整率 S_D

保持负载不变,按表 6-5-4 中所给定的不同输入电压 U(注意是变压器副方电压),测量整流电路的输入端电压 U_i 及输出电压 U_o。以表中 $U=14~V$ 时的输出电压 U_o 为基准,计算测量稳压系数 S_U 和电压调整率 S_D。图中 $R_L=100~\Omega$。

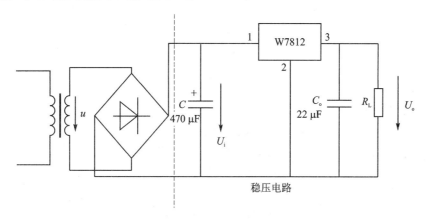

图 6-5-6 直流稳压电源

表 6-5-4 测量电源波动的稳压系数 S_U 和电压调整率 S_D

U/V	12	14	16
U_i/V			
U_o/V			
$S_U = \dfrac{\Delta U_o}{U_o} \Big/ \dfrac{\Delta U_i}{U_i} \Big\| R_L = 常数$			
$S_D = = \dfrac{\Delta U_o}{U_o} \times 100\%$			

(2) 测量负载变化的负载调整率 S_L 和输出电阻 r。

保持输入电压 $U=14~V$ 不变,按表 6-5-5 中所给定的不同负载电阻,测量整流电路在负载变化时电路的输出变化。以表中 $R_L=100~\Omega$ 时的输出电压 U_o 为基准,计算负载调整率 S_L 和输出电阻 r。

6.5.5 实验注意事项

(1) 测量整流电路前的电压值 U 时必须用交流电压表,而测量整流电路后的电压要用直流电压表。注意交直流电压表量程及挡位的转换。

(2) 实验时输出端严禁短路。

表 6-5-5 测量负载变化的负载调整率 S_L 和输出电阻 r_o

U/V	14		
U_i/V			
R_L/Ω	∞	100	51
U_o/V			
$S_L = \dfrac{\Delta U_o}{U_o} \times 100\% \mid V_i = 常数$			
$r_o = \dfrac{\Delta U_o}{\Delta I_o}$			

6.5.6 思考题

如果桥式整流电路中整流二极管中的一个断路,结果怎样?

6.5.7 预习要求

(1) 学习教材中有关直流稳压电源的相关知识。
(2) 认真计算表中的相关数据并填表。
(3) 正确理解整流电路中二极管的单向导电作用及滤波电容的作用。

6.6 编码器和译码器

6.6.1 实验目的

掌握中规模集成编码器和译码器逻辑功能的测试及使用方法。

6.6.2 实验仪器与设备

(1) 网络综合实验台:天科挂箱 GSD-1,+5 V 电源(实验台右下角),
天煌挂箱 D72-2A,+5 V 电源(DGJ-07-02A);
(2) 相关集成逻辑芯片;
(3) 数字式万用表 DY-2101。

6.6.3 实验原理与说明

编码器和译码器是多输入、多输出的组合逻辑电路。编码器是将输入信号编成二进制代码的电路。由于一位二进制可表示两种状态"0"、"1"。两位二进制可表示四种状态,所以编码器常用的有 4/2 线编码器、8/3 线编码器、16/4 线编码器及将十进制变成二进制的二—十进制编码器。译码是编码的反过程。译码器是将给定的代码按原义进行"翻译",还原成相应的状态,使输出通道中相应的一路有信号输出。与编码器相对常用的译码器有 2/4 线译码器、3/8 线译码器、4/16 线译码器及可以与数码显示相配合的二—十进制显示译码器。

1. 10/4 线优先编码器

二-十进制编码器是将十个十进制数 0、1、2、3、4、5、6、7、8、9 变成二进制代码的电路。二-十进制编码器输入的是 0~9 十个数码,输出的是与之对应的四位二进制编码。

通常情况下,编码器每次只允许一个输入端上有信号,而实际上常常出现多个输入端上同时有信号的情况。例如计算机有许多输入设备,可能多台设备同时向主机发出中断请求,希望输入数据。这就要求主机能自动识别这些请求信号的优先级别,按次序进行编码。这里就需要优先编码器。74LS147 型 10/4 线优先编码器是比较常用的,表 6-6-1 是其编码表,图 6-6-1 是其引脚排列图。它有九个输入变量 $\bar{I}_1 \sim \bar{I}_9$,四个输出变量 $\bar{Y}_0 \sim \bar{Y}_3$,它们都是反变量。输入的反变量对低电平有效,即有信号时输入为 0。输出的反变量组成反码,对应于 0~9 十个十进制数码。例如表中第一行,所有输入端无信号,输出的不是十进制数码 0 对应的二进制数 0000,而是其反码 1111。输入信号优先权的次序为 $\bar{I}_9 \sim \bar{I}_1$。当 $\bar{I}_9 = 0$ 时,无论其他输入端是 0 或 1(表中×表示任意态),输出端只对 $\bar{I}_9$ 编码,输出为 0110(原码为 1001)。当 $\bar{I}_9 = 1, \bar{I}_8 = 0$ 时,无论其他输入端为何值,输出端只对 $\bar{I}_8$ 编码,输出为 0111(原码为 1000)。依次类推。

表 6-6-1 10/4 线优先编码器状态表

输入									输出			
$\bar{I}_9$	$\bar{I}_8$	$\bar{I}_7$	$\bar{I}_6$	$\bar{I}_5$	$\bar{I}_4$	$\bar{I}_3$	$\bar{I}_2$	$\bar{I}_1$	$\bar{Y}_3$	$\bar{Y}_2$	$\bar{Y}_1$	$\bar{Y}_0$
1	1	1	1	1	1	1	1	1	1	1	1	1
0	×	×	×	×	×	×	×	×	0	1	1	0
1	0	×	×	×	×	×	×	×	0	1	1	1
1	1	0	×	×	×	×	×	×	1	0	0	0
1	1	1	0	×	×	×	×	×	1	0	0	1
1	1	1	1	0	×	×	×	×	1	0	1	0
1	1	1	1	1	0	×	×	×	1	0	1	1
1	1	1	1	1	1	0	×	×	1	1	0	0
1	1	1	1	1	1	1	0	×	1	1	0	1
1	1	1	1	1	1	1	1	0	1	1	1	0

2. 译码器

译码器的作用是将给定的代码进行翻译,变成相应的状态,使输出通道中相应的一路有信号输出。译码器在数字系统中有广泛应用,不仅用于代码的转换、终端数字显示,还用于数据分配存储器寻址和组合控制信号等。不同的功能可选用不同的译码器。译码器可分为通用译码器和显示译码器两大类。前者又分为变量译码器和代码变换译码器。

(1) 变量译码器

变量译码器(又称二进制译码器),用于表示输入变量的状态,如 2/4 线、3/8 线、4/16 线译码器。若有 n 个输入变量,则有 2^n 个不同的组合状态,就有 2^n 个输出端供其使用。而每个输出所代表的函数对应于 n 个输入变量的最小项。

以 3/8 线译码器 74LS138 为例进行分析,图 6-6-2 为 74LS138 引脚排列,图 6-6-3 为 74LS138 逻辑电路。表 6-6-2 为 74LS138 的功能表。

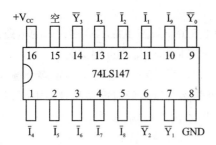 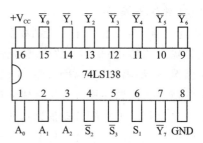

图 6-6-1　74LS147 引脚排列　　　图 6-6-2　74LS138 引脚排列

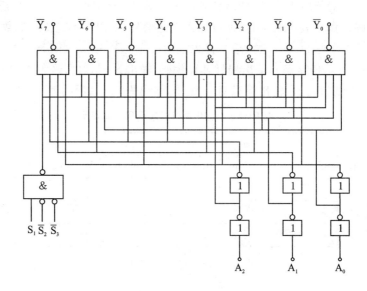

图 6-6-3　74LS138 逻辑电路

表 6-6-2　74LS138 功能表

输入					输出							
S_1	$\overline{S}_2+\overline{S}_3$	A_2	A_1	A_0	$\overline{Y}_0$	$\overline{Y}_1$	$\overline{Y}_2$	$\overline{Y}_3$	$\overline{Y}_4$	$\overline{Y}_5$	$\overline{Y}_6$	$\overline{Y}_7$
1	0	0	0	0	0	1	1	1	1	1	1	1
1	0	0	0	1	1	0	1	1	1	1	1	1
1	0	0	1	0	1	1	0	1	1	1	1	1
1	0	0	1	1	1	1	1	0	1	1	1	1
1	0	1	0	0	1	1	1	1	0	1	1	1
1	0	1	0	1	1	1	1	1	1	0	1	1
1	0	1	1	0	1	1	1	1	1	1	0	1
1	0	1	1	1	1	1	1	1	1	1	1	0
0	×	×	×	×	1	1	1	1	1	1	1	1
×	1	×	×	×	1	1	1	1	1	1	1	1

二进制译码器实际上也是负脉冲输出的脉冲分配器。若利用使能端中的一个输入端输入数据信号,器件就成为一个数据分配器(又称多路分配器)如图 6-6-4 所示,S_1 输入端输入数据信号,使 $\bar{S}_2 = \bar{S}_3 = 0$,地址码所对应的输出端输出的是 S_1 数据信号的反码;若从 $\bar{S}_2$ 端输入数据信号,使 $S_1 = 1, \bar{S}_3 = 0$,地址码所对应的输出端输出的是 $\bar{S}_2$ 数据信号的原码。若数据信号是时钟脉冲,则数据分配器便成为时钟脉冲分配器。根据输入地址的不同组合可译出与组合对应的唯一地址,故二进制译码器可做地址译码器。接成多路分配器,可将一个信号源的数据信息传输到不同的地点。

利用二进制译码器还能方便地实现组合逻辑函数关系,如图 6-6-5 所示。
$$Y = \overline{A}\,\overline{B}\,C + \overline{A}B\overline{C} + A\overline{B}C + ABC$$

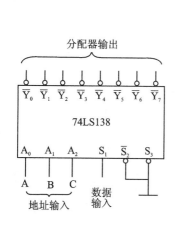
图 6-6-4 脉冲分配器

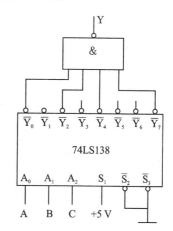
图 6-6-5 二进制译码器实现组合逻辑

利用使能端能方便地将两个 3/8 线译码器组合成一个 4/16 线译码器,如图 6-6-6 所示。

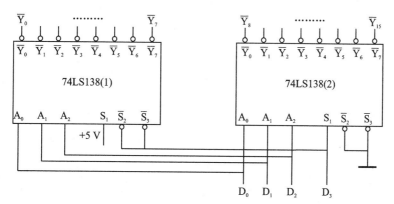
图 6-6-6 两个 3/8 线译码器组合成一个 4/16 线译码器

(2) 数码显示译码器

七段发光二极管(LED)数码管:数码管是目前最常用的数码显示器,图 6-6-7(a)、(b)分别为共阴极和共阳极连接的电路图,(c)为数码管符号及引脚功能。一位 LED 数码管可用来显示一位 0~A 的 16 个字符和一个小数点。数码管中每段发光二极管的正向压降随显示光的颜色(红、绿、黄、橙)不同略有差异,通常为 2~2.5 V;每个发光二极管的点亮电流在 5~10 mA。LED 数码管要显示十进制 BCD 码,应需要一个专门的译码器。该译码器不但要完成译码功能,还要有一定的驱动能力。

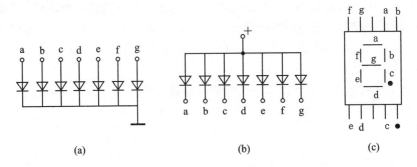

图 6-6-7 LED 数码管

BCD 码七段译码驱动器:此类译码器型号有 74LS47(共阳连接)、74LS48(共阴连接)和 CC4511(共阴连接)等。本实验采用 CC4511BCD 码锁存/七段译码/驱动器,驱动共阴极 LED 数码管。图 6-6-8 为 CC4511 的引脚排列。其中 D、C、B、A 为 BCD 码输入端,a、b、c、d、e、f、g 为译码输出端,高电平有效,用来驱动 LED 共阴极数码管。

$\overline{LT}$——测试输入端:当 $\overline{LT}$ = "0" 时,数码管译码输出全为"1",显示"8"。

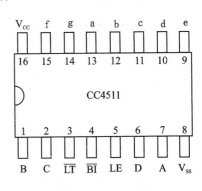

图 6-6-8 CC4511 的引脚排列

$\overline{BI}$——消隐输入端:当 $\overline{BI}$ = "0" 时,数码管译码输出全为"灭",没有显示。

LE(RRI/BO)——串行灭零。

表 6-6-3 为 CC4511 的功能表。CC4511 内接有上拉电阻,故只需在输出端与数码管之间串入限流电阻即可工作。译码器还有拒伪码功能,当输入码超过 1001 时,七段译码输出全为低电平,数码管熄灭。

6.6.4 实验任务与步骤

1. 数码译码显示(4511)

测试电路如图 6-6-9 所示,将电路的输入端 D、C、B、A 接到逻辑电平输入端的开关上,注意顺序,按照从 0000 到 1111 的递加顺序,填写表 6-6-3,并根据所填写数据和 LED 数码管的排列写出 LED 数码管所显示的内容,将测试结果填入 6-6-3 显示字型的列中。

2. 3/8 线译码器

找到译码器 74LS138 所在的位置,检查各个引脚是否插好,正确连接电源。将使能端 S_1、$\overline{S_2}$、$\overline{S_3}$,地址输入端 A_2、A_1、A_0 分别接到逻辑电平开关上,输出端接发光二极管。自行设计表格,画好引脚的连接线路图。改变逻辑电平的输入,观察逻辑电平的输出状态。将结果记录到自拟的表中。总结 3/8 线译码器功能。

表 6-6-3 CC4511 的功能表

输入							输出							显示字型
LE	$\overline{\text{LT}}$	$\overline{\text{BI}}$	D	C	B	A	a	b	c	d	e	f	g	
×	0	×	×	×	×	×								
×	1	0	×	×	×	×								
0	1	1	0	0	0	0								
0	1	1	0	0	0	1								
0	1	1	0	0	1	0								
0	1	1	0	0	1	1								
0	1	1	0	1	0	0								
0	1	1	0	1	0	1								
0	1	1	0	1	1	0								
0	1	1	0	1	1	1								
0	1	1	1	0	0	0								
0	1	1	1	0	0	1								
0	1	1	1	0	1	0								
0	1	1	1	0	1	1								
0	1	1	1	1	0	0								
0	1	1	1	1	0	1								
0	1	1	1	1	1	0								
0	1	1	1	1	1	1								
1	1	1	×	×	×	×	锁 存						锁 存	

注：LT(LightTest 检查 LED 好坏)低电平有效，常态为高。
$\overline{\text{BI}}$(直接熄灭端)低电平有效，常态为高电平。
RBI/BO(串行灭零输入端) 低电平有效，动态灭零使用，常态为高电平。

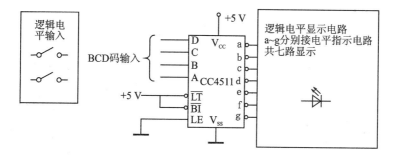

图 6-6-9 实验挂箱上 CC4511 与数码管的连接电路

画出分配器的实验电路(参照图 6-6-4,注意,要求输出端 $\overline{Y}_0 \sim \overline{Y}_7$ 的信号与时钟脉冲同相),用示波器观察并注意输出波形与时钟脉冲 CP 的相位关系是否满足要求。

6.6.5 注意事项

(1) 实验芯片不得自行插拔。
(2) 电源电压为+5 V,注意电源极性不得接错。

6.6.6 思考题

(1) 译码器的用途都有哪些? 举例说明。
(2) 试列表 6-6-2 中 $\overline{Y}_4$ 与输入 A_2、A_1、A_0 的关系式。
(3) 总结 3/8 线译码器功能。

6.6.7 预习要求

(1) 学习教材中有关编码器和译码器的组成原理及应用。
(2) 根据实验任务画出所需实验电路(测试 74LS138)及表格。

6.7 触发器及其应用

6.7.1 实验目的

(1) 熟悉基本 RS 触发器的组成及工作原理;
(2) 熟悉 JK 触发器和 D 触发器的逻辑功能和触发方式;
(3) 掌握各触发器之间逻辑关系及其相互转换;
(4) 学习各触发器逻辑功能的测试方法。

6.7.2 实验仪器与设备

(1) 网络综合实验台:天科 GSD-1,+5 V 电源(实验台右下角),
天煌 D72-2A,+5 V 电源(DGJ-07-02A);
(2) 相关集成逻辑芯片;
(3) 数字式万用表 DY-2101;
(4) 单次脉冲源。

6.7.3 实验原理与说明

双稳态触发器具有两个稳定的状态——"1"和"0",在外界信号作用下,可以从一个状态翻转到另一个状态,它是一个具有记忆功能的二进制信息存储器件,是构成各时序逻辑电路的最基本逻辑单元。

1. 基本 RS 触发器

图 6-7-1 是两个与非门交叉耦合构成的双稳态触发器,是无时钟控制的低电平直接触发的触发器,具有置 0、置 1 及保持三种状态。(基本 RS 触发器也可用两个或非门组成,此时

高电平触发有效。)

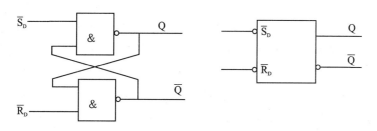

图 6-7-1 基本 RS 触发器逻辑图及逻辑符号

表 6-7-1 基本 RS 触发器状态表

$\bar{S}_D$	$\bar{R}_D$	Q
1	1	不变
0	1	1
1	0	0
0	0	不定

2. JK 触发器

JK 触发器是功能完善、使用灵活、通用性较强的触发器。本实验采用 74LS112 双 JK 触发器,是下降沿触发的边沿触发器。引脚功能和逻辑符号如图 6-7-2;逻辑状态见表 6-7-2。

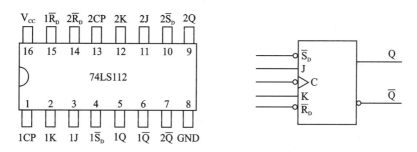

图 6-7-2 JK 触发器引脚功能与逻辑符号

表 6-7-2 JK 触发器状态表

输 入					输 出
$\bar{S}_D$	$\bar{R}_D$	CP	J	K	Q_{n+1}
0	1	×	×	×	1
1	0	×	×	×	0
0	0	×	×	×	φ
1	1	↓	0	0	Q_n
1	1	↓	0	1	0
1	1	↓	1	0	1
1	1	↓	1	1	$\bar{Q}_n$
1	1	↑	×	×	Q_n

注:×—任意态;↓—高到低电平跳变;↑—低到高电平跳变;φ—不定态。

3. D 触发器

在输入信号为单端的情况下,D 触发器用起来最为方便。其输出状态的更新发生在时钟脉冲的上升沿,故又称为上升沿触发的边沿触发器。D 触发器的应用很广,可用作数字信号的寄存、移位寄存、分频和波形产生等。有多种 D 触发器的型号可供选择,如双 D74LS74、四 D74LS175、六 D74LS174 等。

图 6-7-3 为双 D74LS74 的引脚排列及逻辑符号。逻辑状态见表 6-7-3。

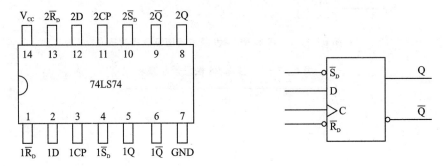

图 6-7-3 D 触发器引脚功能与逻辑符号

表 6-7-3 D 触发器状态表

输 入				输 出
$\bar{S}_D$	$\bar{R}_D$	CP	D	Q_{n+1}
0	1	×	×	1
1	0	×	×	0
0	0	×	×	φ
1	1	↑	0	0
1	1	↑	1	1
1	1	↓	×	Q_n

4. 触发器之间的相互转换

(1) JK 触发器转换为 D 触发器

JK 触发器转换为 D 触发器见图 6-7-4。

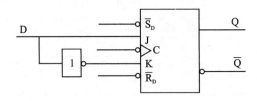

图 6-7-4 JK 触发器转换为 D 触发器

(2) JK 触发器转换为 T 触发器

JK 触发器转换为 T 触发器见图 6-7-5,表 6-7-4 为 T 触发器状态表。

(3) D 触发器转换为 T′ 触发器

D 触发器转换为 T′ 触发器见图 6-7-6,表 6-7-5 为基本 RS 触发器逻辑功能测试。

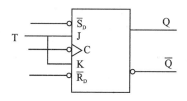

图 6-7-5 JK 触发器转换为 T 触发器

表 6-7-4 T 触发器状态表

T	Q_{n+1}
0	Q_n
1	$\overline{Q}_n$

表 6-7-5 基本 RS 触发器逻辑功能测试

$\overline{R}_D$	$\overline{S}_D$	Q	$\overline{Q}$
1	1→0		
	0→1		
1→0	1		
0→1			
0	0		

图 6-7-6 D 触发器转换为 T′ 触发器

T′ 触发器逻辑关系式

$$Q_{n+1} = \overline{Q}_n$$

6.7.4 实验任务与步骤

1. 测试基本 RS 触发器的逻辑功能

按图 6-7-1,用 74LS00 中的两个与非门组成基本 RS 触发器,输入端 $\overline{S}_D$、$\overline{R}_D$ 接到逻辑电平开关上,利用手动开关改变输入状态。输出端 Q、$\overline{Q}$ 接到逻辑电平显示电路上(发光二极管),用发光二极管的亮灭显示触发器的输出状态,按表 6-7-1 要求测试并记录。

2. 测试 JK 触发器逻辑功能

取双 JK 触发器 74LS112 中任意一个(例如第一个)进行测试。按图 6-7-7 连接电路,J、K、$\overline{S}_D$、$\overline{R}_D$ 输入端接到逻辑电平开关上,输出端接到逻辑电平显示电路(发光二极管)上。CP 接手动单脉冲。

(1) 测试直接置位 $\overline{S}_D$、直接复位 $\overline{R}_D$ 功能

利用开关改变 $\overline{S}_D$、$\overline{R}_D$ 状态,J、K、C 状态任意。并在 $\overline{S}_D=0(\overline{R}_D=1)$ 或 $\overline{R}_D=0(\overline{S}_D=1)$ 作用期间任意改变 J、K 及 C 的状态,观察 Q、$\overline{Q}$ 的状态。自拟表格并记录。

(2) 测试 JK 触发器输入、输出逻辑关系

图 6-7-7 为 74LS112 测试电路,表 6-7-6 为 JK 触发器输入输出逻辑关系测试表。

按表 6-7-6 的要求改变 J、K、C 端状态,观察 Q、$\overline{Q}$ 状态变化,注意观察触发器状态更新是否发生在 CP 脉冲的下降沿(即 CP 由 1→0)并记录。

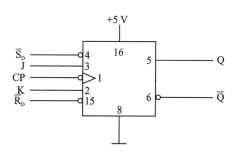

图 6-7-7 74LS112 测试电路

(3) 将 JK 触发器的 J、K 连在一起,构成 T 触发器

在 CP 端输入 1 kHz 连续脉冲,用双踪示波器观察 J=K=0 和 J=K=1(此时为 T′触发器)两种输入下的 CP、Q 波形。注意相位关系,描绘 CP、Q 波形,总结 T、T′触发器逻辑功能。

6-7-6　JK 触发器输入、输出逻辑关系测试

输入					输出 Q_{n+1}	
J	K	$\overline{R}_D$	$\overline{S}_D$	C	$Q_n=0$	$Q_n=1$
0	0	1	1	0→1		
				1→0		
0	1	1	1	0→1		
				1→0		
1	0	1	1	0→1		
				1→0		
1	1	1	1	0→1		
				1→0		

表 6-7-7　D 触发器逻辑功能测试

D	C	Q_{n+1}	
		$Q_n=0$	$Q_n=1$
0	0→1		
	1→0		
1	0→1		
	1→0		

3. 测试 D 触发器逻辑功能

双 JK(74LS74)触发器中任意一个进行测试。根据图 6-7-3 D 触发器的引脚功能连接电路。D、$\overline{S}_D$、$\overline{R}_D$ 输入端接到逻辑电平开关上,输出端接到逻辑电平显示电路(发光二极管)上。C 接手动单脉冲。

(1) 测试直接置位 $\overline{S}_D$、直接复位 $\overline{R}_D$ 功能

测试方法同实验内容 2 之(1),自拟表格测试并记录。

(2) 测试 D 触发器的逻辑关系

按表 6-7-7 的要求改变 D、CP 端状态,观察 Q、$\overline{Q}$ 状态变化,注意观察触发器状态更新是否发生在 C 脉冲的上升沿(即 C 由 0→1)并记录。

(3) 将 D 触发器的 $\overline{Q}$ 端与 D 端相连,构成 T′触发器

在 CP 端输入 1kHz 连续脉冲,用双踪示波器观察 CP、Q 波形。注意相位关系,描绘 CP、Q 波形。与 JK 触发器构成 T 触发器对比,有何异同。

6.7.5　注意事项

(1) 插接集成块时,注意定位标记,不得插反。

(2) 电源电压为+5 V,注意电源极性不得接错。

(3) 注意直接复位端和直接置位端,只在复位或置位时使用,使用后正常应接高电平。

6.7.6 思考题

D 触发器(74LS74)和 JK 触发器(74LS112)的触发方式有何不同?

6.7.7 预习要求

(1) 学习教材中有关各类触发器的逻辑功能及应用。
(2) 根据实验任务画出所需实验电路及表格。

6.8 声控灯电路

6.8.1 实验目的

(1) 了解声音信号的产生、传递和处理过程;
(2) 学习调试电子电路的方法;
(3) 学习用集成运算放大器和与非门构成声控灯电路。

6.8.2 实验仪器与设备

电子学综合实验装置(1 台),示波器(1 台),数字万用表(1 块),元器件(若干)。

6.8.3 实验原理

(1) 声控灯电路

图 6-8-1 是由两个集成运放构成的声控灯电路。集成运放 A1,输出模拟声强的电压信号。集成运放 A2 将此电压与设定的声强电压相比较,测定声强超过限值,集成运放 A2 的输出电平由负跳变为正,并经二极管 D 的正反馈作用将它锁定为高电平,灯亮。稳压管稳压电压为 5~7 V。

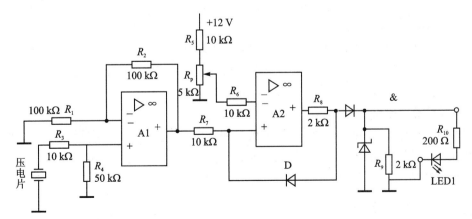

图 6-8-1 声控灯电路

(2) 声光控延时开关的基本电路与原理

图 6-8-2(a)是以白炽灯作为控制对象的声控灯电路,其功能是:有光的场合灯不亮,只有在无光(夜晚)且有声音的情况下灯才会亮,灯亮一段时间(1~3 min)自动熄灭开关,再次有声音才会再亮,一般应用在楼梯、走廊等环境。工作原理是:当有光时,LED1 的电阻很小使电路中的可控硅无法满足导通条件。电阻 R_1 是控制输入电压的高低的,如果从原来的交流 220 V 改成实验比较安全的电压交流 24 V 或直流 20 V,电阻应相应地减小。

声控灯延时开关电路,该开关由主电路、开关电路、监测及放大电路组成,灯泡为控制对象。

由整流桥和单向晶闸管 VT 组成主电路(和灯泡串联)。开关电路由开关三极管 V_1 充电电路 R_2、C_1 组成。放大电路由 $V_2 \sim V_5$ 和电阻 $R_4 \sim R_7$ 组成。电压片 PE 和光敏电阻 R_L 构成检测电路。控制电源由稳压管 VS 和电阻 R_3 构成。

交流电源经过桥式整流和电阻 R_1 分压后接到晶闸管 TV 的控制极,使 VT 导通。(此时 V_1 截止)。由于灯泡与二极管和 VT 构成通路,使灯亮。同时整流后的电源经 R_2 向 C_1 充电,当达到 V_1 的开门电压时,V_1 饱和导通,晶闸管控制极低电位,VT 关断灯熄灭。在无光和声音情况下,电压片上得到一个电信号,经放大使 V_2 放电使 V_1 截止。晶闸管控制极高电位,使 VT 导通灯亮。随着 R_2C_1 充电的进行,V_1 饱和导通使灯自动熄灭。调解 R_6,改变负反馈大小,使接收声音信号的灵敏度有所变化,从而调节灯对声音和光线的灵敏度。光敏电阻和电压片并联,有光时阻值变小,使电压片感应的电信号损失太多,不能被放大,也就不能使 V_3 导通,所以灯不会亮。电路原理见图 6-8-2(b)。

6.8.4 实验内容

1. 声控灯电路

(1) 按图 6-8-1 接好线路,接通电源。

(2) 设定开灯阀值电压。调整电位器 R_P,并对压电片施加声音实验,使设定阈值电压对应于开门声音强度。可以用直流正脉冲信号代替压电片,也可以用信号源加入一正弦信号。模拟声音信号的变化。

(3) 测试关灯开关。给压电片施加足够强的声音,并调整电位器 R_P 使灯亮,而后断开连接二极管 D 回路,观察灯是否灭。若断开连接二极管 D 回路,灯不灭,则检查运放是否损坏或线路接错,纠正电路错误,再断开连接二极管 D 回路,灯灭为止。

(4) 观察信号的传递。给压电片施加声音,用示波器观察集成运放 A_1、集成运放 A_2 和与非门的输出电压波形,记录信号在传递过程中的变化。

2. 声控灯延时电路

自行分析图 6-8-2 电路原理,设计关键的测试点,对关键测试点进行理论计算和估算。在实验前改成实验时比较安全的电源电压(原设计 R_1 端的输入电压是交流 220 V)。自己计算电阻 R_1 的阻值。

6.8.5 注意事项

集成运算放大器的输出端不能对地短接,并且要考虑运放的输出带载能力(自行查手册),发光二极管电流为 5~10 mA。

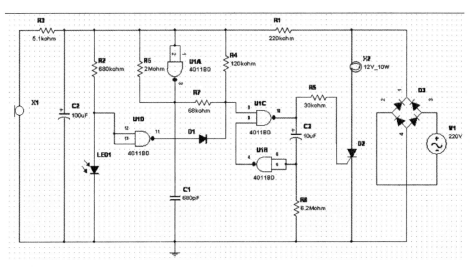

(a) 声控灯电路

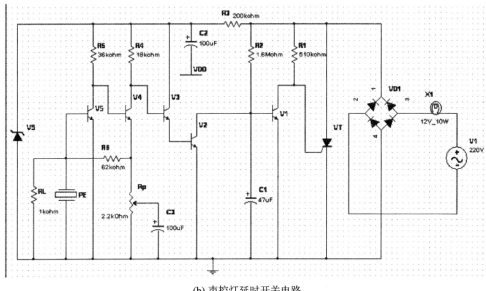

(b) 声控灯延时开关电路

图 6-8-2　声控灯延时电路

6.8.6　思考题

(1) 简述图 6-8-1 电路的工作原理，并比较测试的数据和理论计算，分析测试结果。二极管 D_1 的阴、阳极位置可否调换？发光二极管的阴、阳极位置可否调换？

(2) 模拟信号不用交流信号或三角波信号加直流电压信号可以吗？为什么？

6.8.7　预习要求

(1) 复习集成运放的工作原理及电路的调试内容。

(2) 熟悉声音信号的产生、传递和处理过程。

6.9 红外发射与接收管的应用

6.9.1 实验目的

(1) 了解红外发射与接收管的基本工作原理和功能；
(2) 熟悉红外发射与接收管组成的一些常见应用电路。

6.9.2 实验仪器与设备

(1) 电工综合实验装置；
(2) 红外发射管、红外接收管(一对)、数字万用表直流电压表；
(3) 常用基本元件若干。

6.9.3 实验原理

1. 器件介绍

红外发射管与红外接收管是属于光电类的半导体器件。光电器件在工业自动控制、安全保护、防盗报警等方面都有着广泛的应用，既可实现电气隔离也能实现遥控监测。

红外发射管的内部结构及工作原理与发光二极管相同，电路符号如图 6-9-1(a)所示。红外发射管在正向导通时会产生波长为 900 nm 范围的红外光，人眼观察不到所发出的光。

单只发射管的光输出一般只有 mW 级的功率，不同型号的发射管的发射强度也不尽相同。相同型号的发射管可以任意串联或并联使用，以增大发射光功率或组成不同的发射角度。

红外线接收管属于光电三极管结构，其基极一般不外接，具有较高的灵敏度。接收管的电路符号如图 6-9-1(b)所示。

红外线接收管也可以串并联使用，但这种接法不是用来提高灵敏度的，与普通三极管一样，并联是组成或门电路，串联是组成与门电路。

2. 基本发射电路

基本发射电路如图 6-9-2(a)所示，由一只限流电阻 R 和一只红外发射管组成。由于这种电路发射连续光束，在实际应用中耗能较大，而且不易与日光中相对稳定的红外成分相区别，所以发射电路经常用图 6-9-2(b)、(c)所示电路。

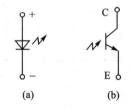

图 6-9-1 发射管与接收管的电路符号

由 NE555 时基电路组成一个无稳态多谐振荡器，在其输出端 3 脚加上一级三极管的电流驱动电路，以便于驱动发光二极管与红外发射管的串联电路。此时，发光二极管与红外发射管发出同步的脉冲信号。

如果考虑 NE555 时基电路输出低电位时产生红外发射信号，亦可将发光二极管与红外发射管串联电路直接由其 3 脚驱动，如图 6-9-2(c)所示。

3. 接收电路

基本的接收电路如图 6-9-3 所示。

来自红外接收管的脉冲信号经电容 C_1 耦合到比较器的同相输入端。此时，比较器的输出

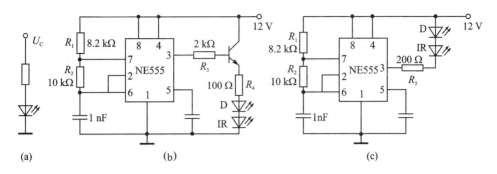

图 6-9-2 基本发射电路

端为低电位,发光二极管工作点亮,表示接收到红外信号。当接收管被遮住时,比较器输出变为高电位,使蜂鸣器鸣响,发光二极管变暗。

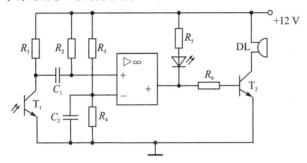

图 6-9-3 基本接收电路

如果发射电路发射的是连续红外光束,则应把接收电路中的电容 C_1 短路掉及去掉电阻 R_2。在实验中应注意,应将红外发射管和接收管调整到一条直线上,距离<15 mm。

6.9.4 实验内容

1. 红外报警电路

(1) 按照图 6-9-2(a)连接红外发射电路,电阻 R 的取值可在 200 Ω 的量级,电源电压 U_C 取值为 12 V,图中发光二极管用来指示发射电路的工作状态。

(2) 按照图 6-9-3 连接红外接收电路。

由于发射电路发出的是连续光束,所以图 6-9-3 中为基本放大电路。调试时应保证在无信号时输出为 0 电位。元器件参考值为 $R_1=10$ kΩ,R_2 开路,$R_3=5.1$ kΩ,$R_4=2$ kΩ,$R_5=200$ Ω,$R_6=10$ kΩ,C_1 可选 10~100 nF,DL 为蜂鸣器。当接收管接收不到红外光束时,蜂鸣器应鸣叫;接收到时发光二极管亮,蜂鸣器不鸣叫。

其中发光二极管用来表示接收电路接收到红外光束的状态显示,发光二极管点亮表示已接收到红外光。

在连接红外发射电路及接收电路时,应使其分布在电路板两侧,并要注意使各连接点之间保持良好连接。

(3) 把发射电路中的发射管和接收电路中红外接收管调整到一条直线上。

(4) 检查无误后,接通电源,应观察到发射电路中的发光二极管和接收电路中的发光二极管点亮。

(5) 用手或书遮挡住发射管或接收管,接收电路中连接在比较器输出端的蜂鸣器应鸣叫,发光二极管熄灭。

由于发光和接收二极管的参数不同需要调试电路,调试成功后,记录元器件的具体参数值,记录三极管的工作状态值。

$R_1=$, $R_2=$, $R_3=$, $R_4=$, $R_5=$, $R_6=$,
$V_b=$, $V_c=$ 。

2. 遥控实验电路

(1) 在电路板上按照图 6-9-4(a) 连接遥控发射电路。其中 D 为发光二极管,用来指示发射电路的工作情况。

(2) 在另一块电路板上按照图 6-9-4(b) 连接遥控接收电路。其中 DL 为发光二极管,用来指示接收电路的工作情况。

(3) 仔细检查接线,确认无误后接通电源。此时发射电路中的发光二极管应点亮,用示波器检查 NE555 的 3 脚是否有输出波形。如没有,则检查调试电路。

(4) 改变接收电路中接收管的角度,注意观察接收电路的发光二极管指示的工作状态。当红外发射管与接收管之间的距离和角度超过一定范围后,接收电路将失控。

*(5) 自行改接电路使发射电路用一按键控制。按键接通时发射电路工作。把接收电路的输出端连接一计数器电路,计数器电路的输出接到综合实验台译码显示电路,观察接收电路的工作状态。

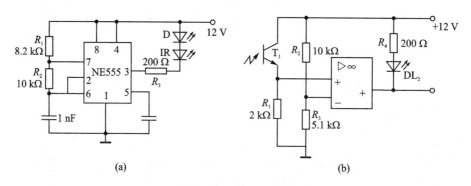

图 6-9-4 遥控电路

6.9.5 预习要求

(1) 学习红外发射管、接收管的基本原理。
(2) 分析并理解实验电路的工作原理。
(3) 完成预习报告,并进行必要的理论计算。

6.10 温度/电压转换电路的研究

6.10.1 实验目的

(1) 有些元件具有对温度的敏感特性,利用其特性可实现对温度信号的采集并转换成电

压信号;

(2) 研究热敏元件的温度特性,设计对微小缓变信号的放大电路;

(3) 培养学生解决实际问题的综合设计、调试和实践能力。

6.10.2 实验仪器与设备

(1) 综合实验台:天科 TKDG-14 实验箱,天煌 DGJ-1A;

(2) 数字式万用表、晶体管毫伏表;

(3) 自选元件。

6.10.3 设计要求

利用一个 AD590 温度传感器或温度敏感元件设计一个温度/电压转换电路,即温度传感器,利用放大电路对电压进行处理。用实验方法研究电压/温度的转换关系。

可以利用的温度敏感元件有热敏电阻、NTC 或 PTC(负温度系数或正温度系数的热敏陶瓷),以及半导体器件对温度敏感的特性参数等,都可实现"温度/电压"的转换。实验室提供 AD590 传感器。

6.10.4 实验报告

(1) 设计实验过程、基本原理、参数计算。

(2) 实验测试过程、功能实现的验证、遇到的问题。

(3) 结论体会。

6.11 集成运算放大器的应用电路设计

6.11.1 实验目的

(1) 了解集成运算放大器的特性及参数;

(2) 应用集成运算放大器的线性或非线性工作区,设计信号运算电路和电压比较电路;

(3) 培养学生对集成运算放大器基本器件的综合设计、应用和调试能力。

6.11.2 实验仪器与设备

(1) 综合实验台:天科 TKDG-14 实验箱,天煌 DGJ-1A;

(2) 数字式万用表;

(3) 除运放集成电路外,其他元件自选。

6.11.3 设计要求

利用集成运算放大器的线性工作区实现信号的线性运算。自拟表格验证。

(1) $u_o = -(2.5u_1 + 1.5u_2)$;

(2) $u_o = 2.5u_1 - 1.5u_2$;

(3) $u_o = 2.5u_1 + 1.5u_2$;

(4) 本次实验设计电路须利用一只 LM741 集成电路完成电路设计;
(5) 集成运算放大器的工作电源为 ±12 V;
(6) 设计时应考虑集成运算放大器入端电阻平衡的问题。

6.11.4　实验报告

(1) 设计过程、基本原理、参数计算。
(2) 实验测试过程、功能实现的验证、遇到的问题。
(3) 结论体会。

6.12　交流电过压/欠压保护电路

6.12.1　实验目的

(1) 熟悉由运算放大器构成的比较器的工作原理;
(2) 学习比较器电路的设计方法;
(3) 培养模拟电路综合设计、调试和实践能力。

6.12.2　实验仪器与设备

(1) 综合实验台:天科 TKDG-14 实验箱或天煌 DGJ-1A;
(2) 数字式万用表;
(3) 自选元件。

6.12.3　设计要求

设计一个过电压、欠电压保护电路监视电网电压,当市电网电压高于 250 V 或低于 190 V 时(正常应为 220 V),立即给用电设备断电,停止工作,并用红色发光二极管进行报警;当电网电压恢复正常后,经 20～30 s 延时后再给用电设备供电,并用绿色发光二极管指示电路正常工作。实验时,电源的变化可以利用实验台的变压器输出电压进行模拟,变压器的参数为输入 220 V,输出 6.3 V、12 V、14 V、16 V。

参考使用器件:运放、555 定时器、逻辑芯片、三极管等。

6.12.4　实验报告

(1) 设计过程、基本原理、参数计算。
(2) 实验测试过程、功能实现的验证、遇到的问题。
(3) 结论体会。

6.13 直流恒流源电路的实现

6.13.1 实验目的

(1) 了解晶体管及运算放大器等有源器件的电流控制作用；
(2) 利用电流负反馈具有对输出电流的稳定作用，设计一个具有恒流输出的电子电路；
(3) 培养学生对负反馈放大电路的综合设计、制作和调试的实验能力。

6.13.2 实验仪器与设备

(1) 综合实验台：天科 TKDG-14 实验箱，天煌 DGJ-1A；
(2) 数字式万用表；
(3) 自选元件。

6.13.3 设计要求

利用晶体管或运算放大器设计一个具有电流负反馈功能的放大电路实现恒流输出。恒定电流的范围在 5～20 mA，经过计算选择适当的负载（考虑输出电压不超过 10 V）。

6.13.4 实验报告

(1) 设计过程、基本原理、参数计算。
(2) 实验测试过程、功能实现的验证、遇到的问题。（电路可带最大电阻数值）
(3) 结论体会。

6.14 三相交流电源相序检测电路的设计

6.14.1 实验目的

(1) 学习元件的选择及用万用电表检测电子器件；
(2) 学习相序测试的基本方法与原理；
(3) 学习电路的实验调试技术。

6.14.2 实验仪器与设备

(1) 综合实验台：天科 TKDG-14 实验箱，天煌 DGJ-1A；
(2) 数字式万用表；
(3) 自选元件。

6.14.3 设计要求

(1) 设计一个相序检测电路，也可作为相序指示；
(2) 输入 220 V 三相电压；

(3) 用发光二极管作为相序指示。

参考书目：《电工手册》。

6.14.4　实验报告

(1) 设计过程、基本原理、参数计算。
(2) 实验测试过程、功能实现的验证、遇到的问题。
(3) 结论体会。

6.15　智力竞赛抢答器逻辑电路的设计

6.15.1　实验目的

(1) 熟悉逻辑门电路的逻辑功能；
(2) 学会利用组合逻辑电路实现一般逻辑功能的设计方法；
(3) 培养数字逻辑电路的综合设计、调试和实践能力。

6.15.2　实验仪器与设备

(1) 综合实验台：天科 TKDG-14 实验箱，天煌 DGJ-1A；
(2) 数字式万用表；
(3) TTL 集成门电路及 TTL 中规模集成电路等。

6.15.3　设计要求

利用 TTL 集成电路设计一个用于智力竞赛的电子抢答器，输入端不得少于 4 个。每个输入端有抢答信号生效时，对应有指示灯显示并伴有声音提示。本实验设计要求用组合逻辑实现。

6.15.4　实验报告

(1) 设计过程、基本原理、参数计算。
(2) 实验测试过程、功能实现的验证、遇到的问题。
(3) 结论体会。

6.16　数字密码锁电路的设计

6.16.1　实验目的

(1) 熟悉各种门电路的逻辑功能；
(2) 学习组合逻辑电路的设计方法；
(3) 培养数字电路综合设计、调试和实践能力。

6.16.2 实验仪器与设备

(1) 综合实验台：天科 TKDG-14 实验箱，天煌 DGJ-1A；
(2) 数字式万用表；
(3) 常用数字电路芯片。

6.16.3 设计要求

设定开锁密码为1010，开锁条件是：拨对密码，钥匙插入锁眼即开锁开关闭合。当两个条件同时满足时，开锁信号为"1"，将锁打开，用发光二级管指示；否则，报警信号为"1"，接通蜂鸣器，鸣响进行报警。

要求：完成数字密码锁组合逻辑电路设计的全过程（根据逻辑要求列写逻辑功能表，写出逻辑表达式，画逻辑电路图）。开锁电路和报警电路稳定可靠、逻辑清晰、使用器件少、电路结构简单。

6.16.4 实验报告

(1) 设计过程、基本原理、参数计算。
(2) 实验测试过程、功能实现的验证、遇到的问题。
(3) 结论体会。

6.17 JK触发器的应用

6.17.1 实验目的

(1) 熟悉 JK 触发器的工作原理；
(2) 学习由 JK 触发器构成任意进制计数器的设计方法；
(3) 培养电路综合设计、调试和实践能力。

6.17.2 实验仪器与设备

(1) 综合实验台：天科 TKDG-14 实验箱，天煌 DGJ-1A；
(2) 数字式万用表；
(3) 元件自选。

6.17.3 设计要求

设计由 JK 触发器构成的五进制异步加法计数器，计数脉冲为 1 s，并由半导体数码管显示。也可设计任意进制的计数器，如七、九进制等。触发器为74LS112。

6.17.4 实验报告

(1) 设计过程、基本原理、参数计算。
(2) 实验测试过程、功能实现的验证、遇到的问题。

(3) 结论体会。

6.18 节日彩色流水灯控制电路

6.18.1 实验目的

(1) 掌握用计数器进行分频的原理；
(2) 掌握时序逻辑电路的设计方法。

6.18.2 设计要求

(1) 用双稳态触发器设计移位寄存器；
(2) 用所设计的移位寄存器控制四路彩灯，要求实现如下功能：
● 第一次循环：彩灯从左至右依次点亮，每灯亮的时间为0.5秒；
● 第二次循环：彩灯从右至左依次点亮，每灯亮的时间为1秒。

6.18.3 实验仪器与设备

(1) 综合实验台：天科 TKDG-14 实验箱，天煌 DGJ-1A；
(2) 数字式万用表；
(3) 常用数字电路芯片。

6.18.4 实验报告

(1) 设计过程、基本原理、参数计算。
(2) 实验测试过程、功能实现的验证、遇到的问题。
(3) 结论体会。

6.19 电子秒表电路的设计

6.19.1 实验目的

(1) 掌握脉冲发生电路的原理；
(2) 掌握用CT74LS290构成任意进制计数器的方法。

6.19.2 设计要求

(1) 利用555定时器设计脉冲发生电路，周期为0.01秒。采用分频原理使之产生秒脉冲；
(2) 用CT74LS290分别构成十进制、六进制加法计数器；
(3) 用所设计的计数器构成秒表电路，进行译码显示，显示范围：0～59秒。

6.19.3 实验仪器与设备

(1) 综合实验台：天科 TKDG-14 实验箱，天煌 DGJ-1A；

(2) 数字式万用表；
(3) 常用数字电路芯片。

6.19.4 实验报告

(1) 设计过程、基本原理、参数计算。
(2) 实验测试过程、功能实现的验证、遇到的问题。
(3) 结论体会

6.20 宽度可调的矩形波发生电路

6.20.1 实验目的

(1) 熟悉集成 555 电路的工作原理；
(2) 熟悉多谐振荡器的工作原理及关键元件对输出波形的影响；
(3) 培养模拟电路综合设计、调试和实践能力。

6.20.2 实验仪器与设备

(1) 综合实验台：天科 TKDG-14 实验箱，天煌 DGJ-1A；
(2) 数字式万用表；
(3) 元件自选。

6.20.3 设计要求

利用由 555 定时器构成的多谐振荡器来实现宽度可调的矩形波发生器。首先选择合适的元件，设计矩形波的周期为 20 ms；然后，通过调节电阻来调节矩形波的宽度，可用示波器观察输出端的电压波形，估算矩形波的宽度(周期)，但是必须保证矩形波的正负脉宽宽度相同。

6.20.4 实验报告

(1) 设计过程、基本原理、参数计算。
(2) 实验测试过程、功能实现的验证、遇到的问题。
(3) 结论体会。

第 7 章 仿真实验

7.1 Multisim2001 的基本界面

Multisim2001 是用于电子线路仿真和设计的"虚拟电子实验室"。它的元器件种类从电源、信号源、电子元器件库、仪器仪表到各类工具可谓应有尽有,共达数千种。它在各类分析软件中首先推出了仪表区,这使得仿真变得更为方便和逼真。它采用图形方式创建电路,免去了用文本方式输入的许多麻烦。这些尤其对于非电类的学生在掌握使用上提供了捷径。

Multisim2001 的界面组成如图 7-1-1 所示。

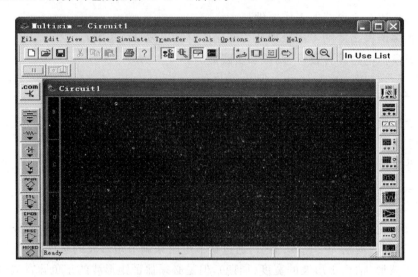

图 7-1-1 Multisim2001 的界面

Multisim2001 的工作界面主要可以分成以下几个区域。

1. 菜单命令区

提供了各类下拉菜单命令,如图 7-1-2 所示。

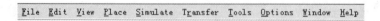

图 7-1-2 Multisim2001 的菜单条

2. 工具按钮区

提供了与菜单命令相对应的主要快捷按钮,如图 7-1-3 所示。

图 7-1-3 Multisim2001 的工具按钮区

3. 元器件库区

提供了各种元器件,如图 7-1-4 所示。

图 7-1-4 Multisim2001 的元器件库

4. 虚拟仪器区

右侧竖列图标为虚拟仪器区,提供了各类虚拟仪器,如图 7-1-5 所示。

图 7-1-5 Multisim2001 的虚拟仪器

5. 电路设计窗口区

界面中央带有标尺和网格的区域为电路设计窗口区。

7.2 Multisim2001 的使用

7.2.1 搭建电路及电路的编辑

1. 编辑自己的电路

使用 File→New 命令或点击工具按钮区的 New(Ctrl+N)图标即创建了一个新的电路设计窗口。

使用 File→NewProject 命令还可以建立自己的工程文件。

有关 File 菜单的命令,如保存、另存、打开、打印设置、打印、关闭等与 Word 等工具软件的操作十分相似。

2. 放置元器件

点击元器件所在库的图标打开相应的元器件库,双击选择要使用的元器件名,即可在电路设计窗口中看到所选的元器件符号,将其拖入电路设计窗口,放在所希望放置的位置即可。

3. 元器件的编辑

点击已放置好的元器件,该元器件将被虚线包围,表示该元器件已被选中。将鼠标指针指向被选中的元器件,点击右键,在弹出的菜单中选择编辑功能,即可对元器件进行编辑,也可使用命令菜单中 Edit 中的命令对选中的元器件进行编辑。

4. 元器件参数编辑

双击已放置好的元器件,会出现该元器件的参数表。对实物元器件而言,无需对元器件参数修改,应尽可能避免对各类模型参数的修改。对虚拟元器件而言,除了在 Value 选项卡中对标称参数根据要求进行修改外,应尽可能避免对其他参数进行修改。

5. 元器件的连接

将光标移至需要连线的元器件引脚,当光标变为十字线时,点击左键,拖动光标至连接位置,再次点击左键完成连线。如要在连接未完成时放弃本次连线,则点击右键;如要在连接未完成时点击左键,则连接线在点击位置可形成垂直折线点;如要在连线完成后删除连接,则用左键点击需要删除的连线将其选中,按 Delete 键将其删除;也可以在选中后,按下鼠标左键可对该连线进行拖动。

对选中的连接线可以通过点击右键,选择弹出菜单中的 Color 选项,改变连接线的颜色。

如果要从一条连接线(非元器件、仪表端点)或空白区域上向外引线,首先要在引出点上设置一个节点。可使用 Place→Junction 命令,将在电路设计窗口中出现节点,将节点拖至设置点,点击左键,节点设置完成。如果需要修改节点号,鼠标左键双击该节点所在导线。

6. 电路注释

为了更易于交流、记忆,我们常常需要对所绘制的图形添加必要的文字等说明,使电路更加易读。可在电路设计窗口中,点击右键,选择相应的命令。

7.2.2 常用虚拟仪器仪表的使用

1. 万用表

从仪器仪表库中取出万用表,万用表的图形符号为 ,双击万用表面板如图 7-2-1 所示,其参数选择如图 7-2-2 所示。

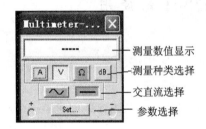

图 7-2-1 万用表

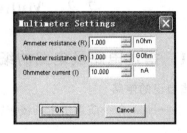

图 7-2-2 万用表参数选择

2. 示波器

仪器库中取出的示波器图形符号如图 7-2-3 所示,其参数选择如图 7-2-4 所示。

示波器中的时基控制、输入通道控制、触发控制等都和一般示波器一样,此处不赘述。

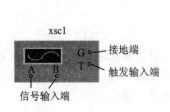

图 7-2-3 示波器

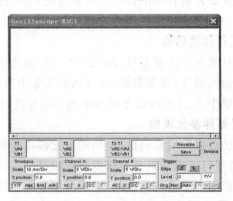

图 7-2-4 示波器参数选择

3. 函数信号发生器

函数信号发生器是一种可以提供正弦波、三角波、方波三种不同波形的周期电压信号源。其图标和面板如图 7-2-5 和图 7-2-6 所示。在函数信号发生器面板上可对函数信号发生器输出的波形、工作频率、占空比、幅度和直流偏置等参数进行设置。

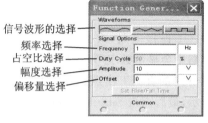

图 7-2-5 函数信号发生器　　图 7-2-6 函数信号发生器参数选择

4. 波特图仪

波特图仪用来测量和显示电路的幅频特性和相频特性，其图标和面板如图 7-2-7 和图 7-2-8 所示。它有两对端口，其中 IN 端"＋"和"－"分别接电路输入端的正端和负端；OUT 端口的"＋"和"－"分别接电路输出端的正端和负端。

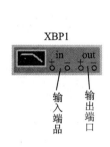
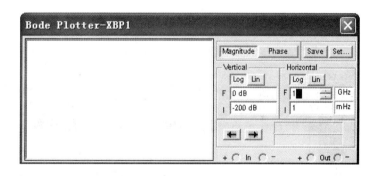

图 7-2-7 波特图仪　　图 7-2-8 波特图仪参数选择

Multisim2001 具有完备的分析功能、丰富的器件库、逼真的仿真功能，操作简单、容易掌握、兼容性强等十分显著的优点，是一个不可多得的电子工作平台。利用它可以克服实验室有限条件的限制，进行各种训练，培养自己的设计、分析、创新能力。利用它可以设计、验证，进行各种分析和故障测试，进行专业电子线路的各种设计工作。此处只是简单地介绍了 Multisim2001 的基本使用方法，以作为读者的入门常识。

7.3　复杂直流电路仿真实验

7.3.1　实验目的

学会使用仿真软件分析复杂直流电路。

7.3.2 实验原理

利用 Multisim2001 提供直流工作点的分析方法,可以对一个复杂的直流电路迅速地分析出结果。

7.3.3 实验步骤

按图 7-3-1 连接电路,在菜单 Options 中用点击 Preference 参数设置,将 show node name 选中,电路中会显示数字节点,如图 7-3-2 所示,再选择菜单 Simulate→Analyses→DC Operating Point 中的直流工作点选项,弹出参数设置框,将所有的数字节点点击到右边,如图 7-3-3 所示,最后点击 Simulate 弹出仿真结果,如图 7-3-4 所示。

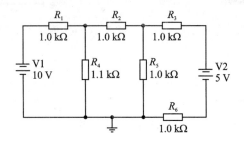

图 7-3-1 直流电路

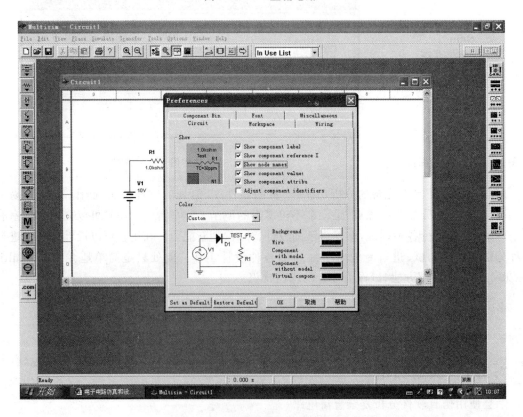

图 7-3-2 选中 show node name

第 7 章 仿真实验

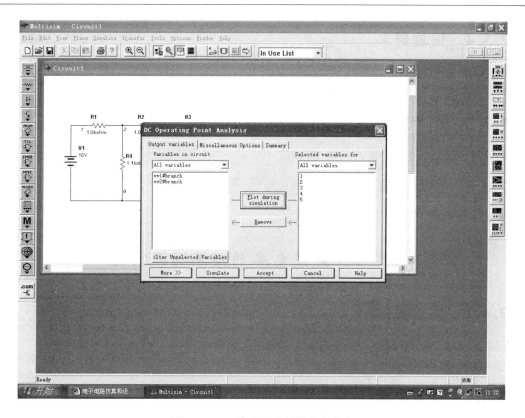

图 7-3-3 选中要分析的数字节点

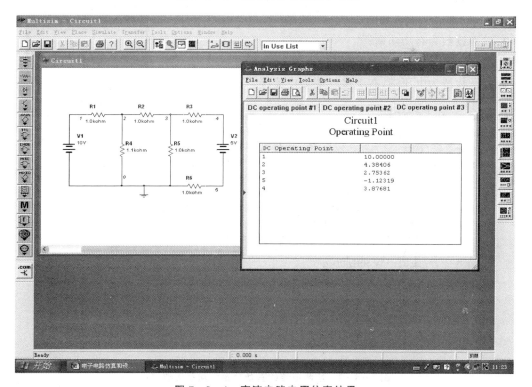

图 7-3-4 直流电路电压仿真结果

7.3.4 仿真要求

(1) 要求会对节点进行修改,节点必须按图7-3-4进行排序;
(2) 会修改元器件标号和相应的数值。

7.3.5 思考题

如何对节点进行修改?

7.3.6 预习要求

要求能对电路中的节点电压进行计算。

7.4 正弦交流电路的功率仿真实验

7.4.1 实验目的

(1) 了解各种阻性电路、容性电路、感性电路的电路特性;
(2) 掌握功率表的使用。

7.4.2 实验原理

实验中所用的功率表可以直接测量出实际的有功功率及功率因数。功率表的面板如图7-4-1所示。

- 表面读数为有功功率;
- Power Factor 读数为功率因数;
- 左下接线为电压端,右下接线端为电流端。

图7-4-1 功率表

7.4.3 实验步骤

按图7-4-2~图7-4-5连接电路,并有规律地改变元件的值,分别测量及记录所测电路的有功功率和功率因数。

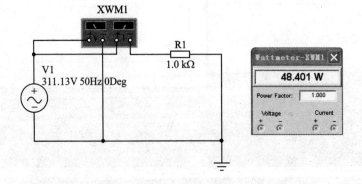

图7-4-2 所测电路的有功功率和功率因数(1)

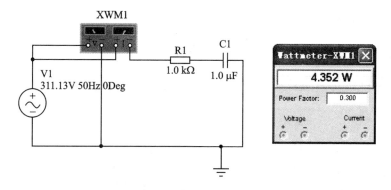

图 7-4-3　所测电路的有功功率和功率因数(2)

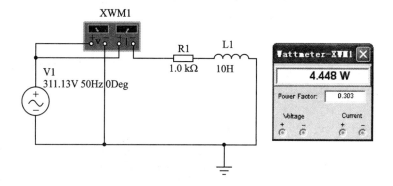

图 7-4-4　所测电路的有功功率和功率因数(3)

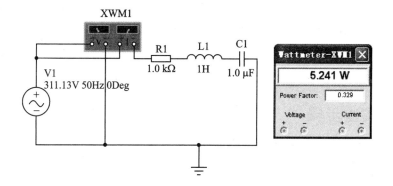

图 7-4-5　所测电路的有功功率和功率因数(4)

7.5　组合逻辑电路设计与分析

7.5.1　实验目的

(1) 掌握组合逻辑电路的特点；
(2) 利用逻辑转换仪对组合逻辑电路进行分析和设计。

7.5.2 实验原理

分析组合逻辑电路的一般过程如图 7-5-1 所示。

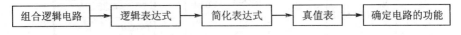

图 7-5-1 分析组合逻辑电路的一般过程

设计组合逻辑电路的一般过程如图 7-5-2 所示。

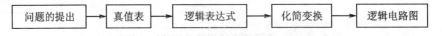

图 7-5-2 设计组合逻辑电路的一般过程

逻辑转换仪的面板和图标如图 7-5-3 所示。

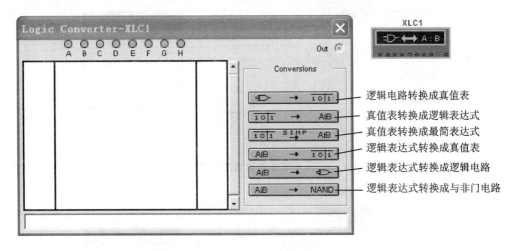

图 7-5-3 逻辑转换仪的面板和图标

7.5.3 实验步骤

(1) 利用逻辑转换仪对已知逻辑电路进行分析。按图 7-5-4 所示连接电路。

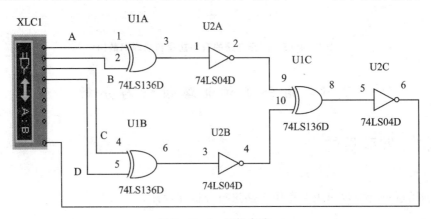

图 7-5-4 逻辑电路

在逻辑转换仪面板上单击按钮 [⊃ → 101]，可实现由逻辑电路转换为真值表，如图 7-5-5 所示。

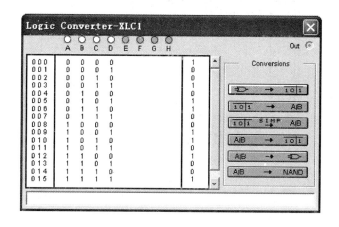

图 7-5-5 由逻辑电路转换为真值表

单击按钮 [101 SIMP A|B]，就可由真值表导出简化表达式，如图 7-5-6 所示，从而进行具体的分析。

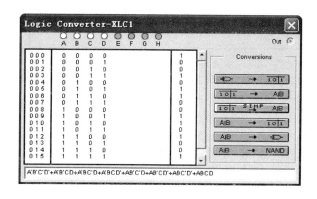

图 7-5-6 由真值表导出简化表达式

（2）根据要求利用逻辑转换仪进行逻辑电路的设计。

问题的提出：有一火灾报警系统，设有烟感、温感和紫外线感三种类型的火灾探测器。为了防止误报警，只有当其中有两种或两种以上的探测器发出火灾探测器信号时，报警系统才产生报警控制信号，试设计报警控制信号的电路。

设计电路的思路：在逻辑转换仪面板上根据下列分析列出真值表，如图 7-5-7 所示。探测器发出的火灾探测信号有两种可能：一种是高电平(1)，表示有火灾；一种为低电平(0)，表示无火灾。报警控制信号也只有两种可能：一种是高电平(1)，表示有火灾报警；一种是低电平(0)，表示正常无火灾报警。因此，令 A、B、C 分别表示烟感、温感和紫外线感三种类型的火灾探测器的探测输出信号为报警控制电路的输入；令 F 为报警控制电路的输出信号。

（3）在逻辑转换仪面板上单击按钮 [101 SIMP A|B]（由真值表导出简化表达式）后得到如图 7-5-8 所示的最简化表达式。

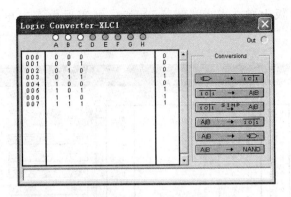

图 7-5-7 真值表

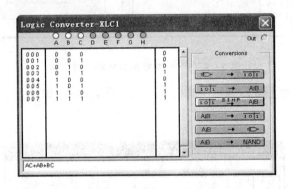

图 7-5-8 最简化表达式

(4) 在图 7-5-8 的基础上单击按钮 ![btn]，就由逻辑表达式得到逻辑电路如图 7-5-9 所示。

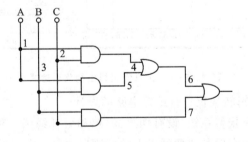

图 7-5-9 逻辑电路图

7.5.4 思考题

设计一个四人表决电路：如果三人或三人以上同意，则通过；反之，则被否决。并用与非门实现。

第8章 设计性实验示例

8.1 用运算放大器组成万用电表的设计与调试

8.1.1 实验目的

(1) 设计由运算放大器组成的万用电表;
(2) 组装与调试。

8.1.2 设计要求

(1) 直流电压表　　满量程 +6 V;
(2) 直流电流表　　满量程 10 mA;
(3) 交流电压表　　满量程 6 V,50 Hz～1 kHz;
(4) 交流电流表　　满量程 10 mA;
(5) 欧姆表　　　　满量程分别为 1 kΩ,10 kΩ,100 kΩ。

8.1.3 万用电表工作原理及参考电路

在测量中,电表的接入应不影响被测电路的原工作状态,这就要求电压表应具有无穷大的输入电阻,电流表的内阻应为零。但实际上,万用电表表头的可动线圈总有一定的电阻,例如 100 μA 的表头,其内阻约为 1 kΩ,用它进行测量时将影响被测量,引起误差。此外,交流电表中的整流二极管的压降和非线性特性也会产生误差。如果在万用电表中使用运算放大器,就能大大降低这些误差,提高测量精度。在欧姆表中采用运算放大器,不仅能得到线性刻度,还能实现自动调零。

1. 直流电压表

图 8-1-1 为同相端输入,高精度直流电压表电原理图。为了减小表头参数对测量精度的影响,将表头置于运算放大器的反馈回路中,这时,流经表头的电流与表头的参数无关,只要改变 R_1 一个电阻,就可进行量程的切换。

表头电流 I 与被测电压 U_i 的关系为

$$I = \frac{U_i}{R_1}$$

应当指出:图 8-1-1 适用于测量电路与运算放大器共地的有关电路。此外,当被测电压较高时,在运放的输入端应设置衰减器。

2. 直流电流表

图 8-1-2 是浮地直流电流表的电原理图。在电流测量中,浮地电流的测量是普遍存在的,例如:若被测电流无接地点,就属于这种情况。为此,应把运算放大器的电源也对地浮动,按此种方式构成的电流表就可像常规电流表那样,串联在任何电流通路中测量电流。

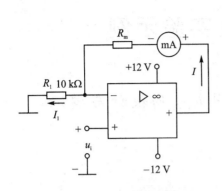

图 8-1-1 直流电压表

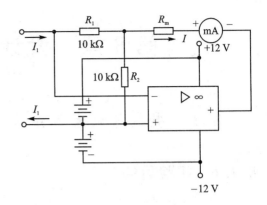

图 8-1-2 直流电流表

表头电流 I 与被测电流 I_1 的关系为
$$-I_1 R_1 = (I_1 - I)R_2$$
所以
$$I = \left(1 + \frac{R_1}{R_2}\right)I_1$$

可见，改变电阻比 R_1/R_2，可调节流过电流表的电流，以提高灵敏度。如果被测电流较大，则应给电流表表头并联分流电阻。

3．交流电压表

由运算放大器、二极管整流桥和直流毫安表组成的交流电压表如图 8-1-3 所示。被测交流电压 u_i 加到运算放大器的同相端，故有很高的输入阻抗，又因为负反馈能减小反馈回路中的非线性影响，故把二极管桥路和表头置于运算放大器的反馈回路中，以减小二极管本身非线性的影响。

表头电流 I 与被测电压 U_i 的关系为
$$I = \frac{U_i}{R_1}$$

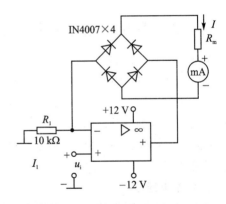

图 8-1-3 交流电压表

电流 I 全部流过桥路，其值仅与 U_i/R_1 有关，与桥路和表头参数（如二极管的死区等非线性参数）无关。表头中电流与被测电压 U_i 的全波整流平均值成正比，若 U_i 为正弦波，则表头可按有效值来刻度。被测电压的上限频率取决于运算放大器的频带和上升速率。

4．交流电流表

图 8-1-4 为浮地交流电流表，表头读数由被测交流电流 i_1 的全波整流平均值 I_{1AV} 决定，即
$$I = \left(1 + \frac{R_1}{R_2}\right)I_{1AV}$$

如果被测电流 i_1 为正弦电流，即
$$i_1 = \sqrt{2}I_1 \sin \omega t$$

则上式可写为

$$I = 0.9\left(1 + \frac{R_1}{R_2}\right)I_1$$

则表头可按有效值来刻度。

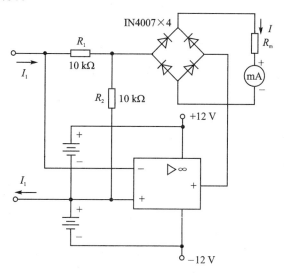

图 8-1-4 交流电流表

5. 欧姆表

图 8-1-5 为多量程的欧姆表。

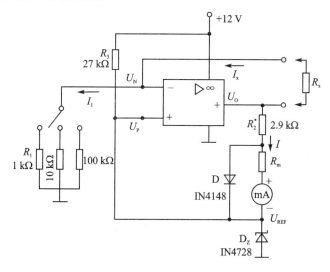

图 8-1-5 欧姆表

在此电路中,运算放大器改由单电源供电,被测电阻 R_X 跨接在运算放大器的反馈回路中,同相端加基准电压 U_{REF}。

因为
$$U_P = U_N = U_{REF}, \qquad I_1 = I_X$$
$$\frac{U_{REF}}{R_1} = \frac{U_O - U_{REF}}{R_X}$$

即
$$R_X = \frac{R_1}{U_{REF}}(U_O - U_{REF})$$

所以流经表头的电流

$$I = \frac{U_O - U_{REF}}{R_2 + R_m}$$

由上两式消去$(U_O - U_{REF})$

可得

$$I = \frac{U_{REF} R_X}{R_1(R_m + R_2)}$$

可见，电流 I 与被测电阻成正比，而且表头具有线性刻度，改变 R_1 值，可改变欧姆表的量程。这种欧姆表能自动调零，当 $R_X = 0$ 时，电路变成电压跟随器，$U_O = U_{REF}$，故表头电流为零，从而实现了自动调零。

二极管 D 起保护电表的作用，如果没有 D，则当 R_X 超量程时，特别是当 $R_X \to \infty$ 时，运算放大器的输出电压将接近电源电压，使表头过载。有了 D 就可使输出钳位，防止表头过载。调整 R_2，可实现满量程调节。

8.1.4 电路设计

（1）万用电表的电路是多种多样的，建议用参考电路设计一只较完整的万用电表。

（2）万用电表作电压、电流或欧姆测量时，或者进行量程切换时，应用开关切换，但实验时可用引接线切换。

8.1.5 实验元器件选择

（1）表头　　　　灵敏度为 1 mA，内阻为 100 Ω；

（2）运算放大器　μA741；

（3）电阻器　　　均采用 $\frac{1}{4}$W 的金属膜电阻器；

（4）二极管　　　IN4007×4、IN4148；

（5）稳压管　　　IN4728。

8.1.6 注意事项

（1）在连接电源时，正、负电源连接点上各接大容量的滤波电容器和 0.01～0.1 μF 的小电容器，以消除通过电源产生的干扰。

（2）万用电表的电性能测试要用标准电压、电流表校正，欧姆表用标准电阻校正。考虑实验要求不高，建议用数字式 $4\frac{1}{2}$ 位万用电表作为标准表。

8.1.7 报告要求

（1）画出完整的万用电表的设计电路原理图。

（2）将万用电表与标准表作测试比较，计算万用电表各功能档的相对误差，分析误差原因。

（3）电路改进建议。

（4）收获与体会。

8.2 电子验票器电路的设计

8.2.1 实验目的

(1) 熟悉逻辑门电路的基本功能;
(2) 学习组合逻辑电路的设计方法,以解决现实常见的实际问题;
(3) 培养电路综合设计、调试和实践能力。

8.2.2 实验仪器与设备

(1) 综合实验台:天科 TKDG-14 实验箱,天煌 DGJ-1A;
(2) 数字式万用表;
(3) 74LS00 等常用 TTL 集成电路及自选元件。

8.2.3 设计要求

某单位举办军民联欢会。军人持红票入场,群众持黄票入场,反之不可入场;持绿票者军民均可入场。

利用 TTL 集成电路设计一个组合逻辑电路,实现自动验票的功能。

8.2.4 电路设计

1. 变量定义

由于人员身份为 2、票种数为 3,设三个输入变量 A、B、C,一个输出变量 Y。具体变量的逻辑值定义见表 8-2-1。

表 8-2-1 变量定义及对应逻辑值的含义

变 量	逻辑值	变量含义	备 注
A	0	军 人	
A	1	群 众	
BC	10	红 票	
BC	01	黄 票	
BC	11	绿 票	
BC	00	无 票	冗余态
Y	0	不准入场	
Y	1	可入场	

2. 列逻辑状态表

根据题目要求,所列逻辑状态表见表 8-2-2。

3. 写出逻辑式并化简

取 Y=1 的项列逻辑式,化简后得到"与非-与非"式:

$$Y = \overline{A}B\overline{C} + \overline{A}BC + AB\overline{C} + ABC = \overline{A}B(\overline{C}+C) + AC(\overline{B}+B) = \overline{A}B + AC = \overline{\overline{\overline{A}B} \cdot \overline{AC}}$$

表 8 - 2 - 2 逻辑状态表

A	B	C	Y	说　　明
0	0	0	0	军人无票不可入场
0	0	1	0	军人持黄票不可入场
0	1	0	1	军人持红票可入场
0	1	1	1	军人持绿票可入场
1	0	0	0	群众无票不可入场
1	0	1	1	群众持黄票可入场
1	1	0	0	群众持红票不可入场
1	1	1	1	群众持绿票可入场

4．画出逻辑图

可选用"2-输入与非门"，见图 8-2-1。

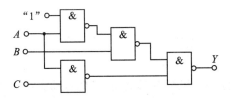

图 8 - 2 - 1 电子验票器逻辑图

8.2.5　实验原理图设计

由设计所得到的逻辑图可用四个"2-输入与非门"构成，因此，选用 TTL 结构的 74LS00 集成电路，它是 14 引线的双列直插 IC，各引脚的功能已在图 8-2-2 中表示出来。

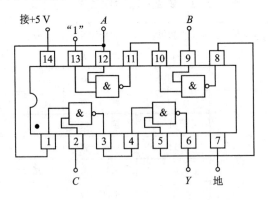

图 8 - 2 - 2 电子验票器实验原理接线图

输入的逻辑状态量由实验台逻辑端子给出。采用正逻辑定义方式，"高/低电平"分别代表"1/0"，用于输入 A、B、C 的状态。输出量驱动实验台的发光二极管（LED）显示验票结果，当 Y＝1 时，LED 为"亮"的状态，表示验票合格可以通过入场；当 Y＝0 时，LED 为"不亮"状态，表示验票未通过不可入场。

8.2.6 实验数据及分析

(1) 根据实验设计原理,编制数据表格如表 8-2-3 所列。

表 8-2-3 实验数据记录表　　电源电压 $U_{CC}=+5$ V

输入量			输出量	
A	B	C	Y	输出端电压值/V
0	0	0		
0	0	1		
0	1	0		
0	1	1		
1	0	0		
1	0	1		
1	1	0		
1	1	1		

(2) 结果分析及说明

通过实验验证……,结果如表……。设计满足要求。(所测数据分析)

8.2.7 实验总结及体会

通过……,熟悉逻辑门电路的基本功能;学习组合逻辑电路的设计方法,解决了……现实常见的实际问题;培养电路综合设计、调试和实践能力。

附录 A 集成芯片端子图

00 四 2 输入与非门

正逻辑：$Y=\overline{A \cdot B}$

7400 74H00 74S00 74LS00

02 四 2 输入或非门（OC）

正逻辑：$Y=\overline{A+B}$

7402 74S02 74LS02

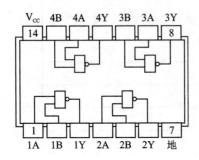

04 六反相器

正逻辑：$Y=\overline{A}$

7404 74H04 74S04 74LS04

08 四 2 输入与门

正逻辑：$Y=A \cdot B$

7408 74S08 74LS08

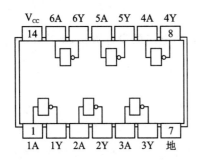
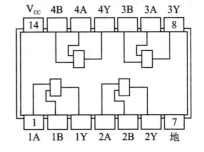

11 三 3 输入与门

正逻辑：$Y=A \cdot B \cdot C$

74H11 74S11 74LS11

20 双 4 输入与非门

正逻辑：$Y=\overline{A \cdot B \cdot C \cdot D}$

7420 74H20 74S20 74LS20

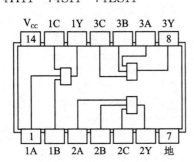
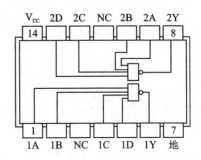

32 四2输入或门
正逻辑：Y＝A＋B
7432　74S32　74LS32

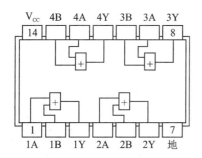

BCD-译码器/驱动器
7448　74LS48

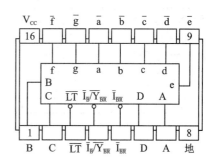

47 BCD-七段译码器/驱动器
7446　74LS46　7447　74LS47

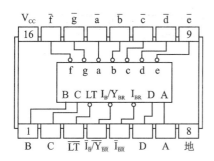

86 四2输入异或门
Y＝A⊕B
7486　74S86　74LS86

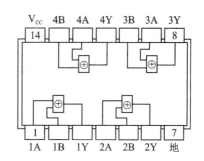

74 双上升沿D触发器（带置位，复位）
7474　74S74　74LS74

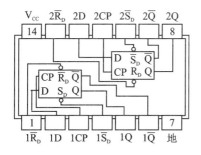

112 双JK触发器（带置位、清除，负触发）
74S112　74LS112

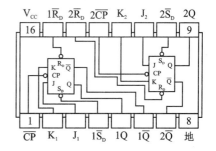

175 四上升沿 D 触发器
　　74175　74S175　74LS175

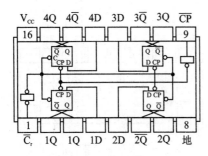

290 二-五—十进制计数器
　　74290　74LS290

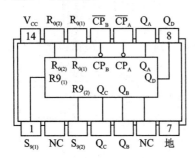

160 十进制同步计数器（异步清除）
161 四位二进制同步计数器（异步清除）
162 十进制同步计数器（同步清除）
163 四位二进制同步计数器（同步清除）
　　74160～74163，74LS160～74LS163，
　　74S162，74S163

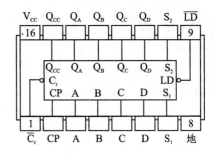

附录 B 新旧电子电路符号对照表

名称	新符号	旧符号	名称	新符号	旧符号
理想运算放大器			单稳态触发器		
二极管			理想电压源		
发光二极管			受控电压源		
与门			理想电流源		
或门			OC门（二输入与非）		
与非门			三态门（二输入与非）		
或非门			A/D 变换器		
同或门			D/A 变换器		
异或门			光敏电阻		
触发器（正电位触发）			单按钮		
触发器（负电位触发）			复合按钮		
触发器（正边沿触发及主从触发）			受控电流源		
触发器（负边沿触发及主从触发）			稳压管		
			可控硅		

附录 C 常用电机电器的图形符号

名称	符号	名称		符号
三相绕线式异步电动机	M 3~	按钮触发	常开	
			常闭	
三相鼠笼式异步电动机	M 3~	接触器吸引线圈 继电器吸引线圈		
直流电动机	M	接触器触点	常开	
			常闭	
单相变压器		时间继电器触点	常开延时闭合	
			常开延时断开	
三极开关				
熔断器		行程开关触点	常开	
			常闭	
信号灯	⊗	热继电器	常闭触点	
			热元件	

参考文献

[1] 宁秀贞. 新编电工实验指导书[M]. 北京:中国电力出版社,1999.
[2] 叶淬. 电工电子技术实践教程[M]. 北京:化学工业出版社,2003.
[3] 董淑琴. 电子技术基础实验[M]. 北京:兵器工业出版社,2000.
[4] 毕满清. 电子技术实验与课程设计[M]. 北京:机械工业出版社,2003.
[5] 魏绍亮,陈新华. 电子技术实践[M]. 北京:机械工业出版社,2002.
[6] 尹雪飞. 集成电路速查大全[M]. 西安:西安电子科技大学出版社,1997.
[7] 张远岐,任茂林. 电工学实验指导[M]. 沈阳:沈阳航空工业学院,2004.
[8] 电工实验中心. 电工及工业电子学实验指导书[M]. 沈阳:沈阳航空工业学院,2010.